应用型本科 汽车类专业系列教材

U0159835

CATIA逆向设计基础

主　编　左克生　胡顺安
副主编　焦洪宇　林　玲

西安电子科技大学出版社

内 容 简 介

　　CATIA 软件以其方便的操作和强大的曲面数字化设计功能而在飞机、汽车等设计领域得到了广泛应用。本书对 CATIA 的曲面数字化设计所涉及的创成式外形设计、自由曲面设计、数字曲面编辑器以及快速曲面重构等五个功能模块进行了详细介绍，并结合多个实例详细介绍了CATIA 在正向设计和逆向设计建模中的操作过程及应用技巧。

　　本书紧密结合零部件数字化设计应用型人才工程素质培养要求，系统性和实用性强。本书可作为高等院校理工科本科生的相关课程教材或参考书，同时也可作为广大从事正向与逆向工程设计的技术人员的自学参考书。

图书在版编目(CIP)数据

CATIA 逆向设计基础 / 左克生，胡顺安主编. —西安：西安电子科技大学出版社，
2018.2(2022.8 重印)
ISBN 978 – 7 – 5606 – 4811 – 8

Ⅰ. ① C… Ⅱ. ① 左… ② 胡… Ⅲ. ① 机械设计—计算机辅助设计—应用软件
Ⅳ. ① TH122

中国版本图书馆 CIP 数据核字(2018)第 002510 号

策　　划　高　樱
责任编辑　张　玮
出版发行　西安电子科技大学出版社(西安市太白南路 2 号)
电　　话　(029)88202421　88201467　　　　邮　编　710071
网　　址　www.xduph.com　　　　　　　　电子邮箱　xdupfxb001@163.com
经　　销　新华书店
印刷单位　陕西天意印务有限责任公司
版　　次　2018 年 2 月第 1 版　　2022 年 8 月第 2 次印刷
开　　本　787 毫米×1092 毫米　1/16　　印张 15.5
字　　数　362 千字
印　　数　3001～4000 册
定　　价　39.00 元
ISBN 978 – 7 – 5606 – 4811 – 8 / TH
XDUP 5113001-2
＊＊＊ 如有印装问题可调换 ＊＊＊

应用型本科 汽车类专业系列教材

编审专定委员会名单

前　言

CATIA软件是由法国达索公司（Dassault System）开发的一款CAD/CAE/CAM一体化软件。CATIA软件以其方便的操作和强大的曲面数字化设计功能而在飞机、汽车等设计领域得到了广泛应用。曲面数字化设计功能提供了极丰富的造型模块，包括创成式外形设计、自由曲面设计、数字曲面编辑器和快速曲面重构等模块，可实现用户进行产品正向设计和逆向设计所要求的曲面质量。本书以点、线和面由简入繁的方式详细介绍了创成式外形设计、自由曲面设计、数字曲面编辑器和快速曲面重构等模块的各命令及其应用，并选取了具有代表性的实例，旨在让读者能够在产品设计过程中灵活运用曲面数字化设计的各命令，从而培养读者CATIA软件曲面数字化设计的综合运用能力。

本书共分为八章。第一章全面介绍了CATIA曲面数字化设计的概念和主要模块，使读者对曲面数字化设计的正向设计和逆向设计有基本的认识；第二章介绍了创成式外形设计模块草图编辑器、创建线框、创建曲面等工具栏中各主要命令的作用与用法；第三章通过六通管和导风管两个实例讲述了创成式外形设计模块的曲面设计功能；第四章介绍了自由曲面设计模块创建曲线、创建曲面、各种操作、形状修改以及曲线/曲面分析等工具栏中各主要命令的作用与用法；第五章通过花瓶和汽车车身两个实例讲述了自由曲面设计模块的曲面设计功能；第六章介绍了数字曲面编辑器模块点云数据由来、点云编辑、铺面与补洞、创建交线以及创建曲线等工具栏中各主要命令的作用与用法；第七章介绍了快速曲面重构模块创建轮廓、曲线与曲面操作、创建曲面、划分点云以及点云分析等工具栏中各主要命令的作用与用法；第八章通过椅子、自行车座椅、沙光机和汽车后备箱盖四个实例介绍了CATIA软件在逆向设计建模过程中的一般应用及其应用技巧。本书力求系统和全面地表述CATIA曲面数字化设计的相关内容。主体章节围绕曲面数字化设计的具体命令介绍了详细的操作步骤，并辅以示例和实例强化认知，从而使读者能够快速达到熟练、准确、灵活而高效地运用CATIA曲面数字化设计所涉及各模块进行工业产品设计的水平。

　　本书由常熟理工学院左克生、胡顺安担任主编，焦洪宇、林玲担任副主编，其中，第一章由胡顺安编写；第二章由左克生编写；第三章由焦洪宇编写；第四章由左克生、焦洪宇共同编写；第五章由林玲编写；第六章由胡顺安编写；第七章由胡顺安、焦洪宇共同编写；第八章由左克生、林玲共同编写。全书由左克生、胡顺安统稿。本书在编写过程中得到了李任任、徐帆、陈龙以及网格天成科技有限公司的大力支持，在此表示衷心感谢。

　　由于编者水平有限，书中的疏漏在所难免，恳请广大读者批评指正。

编　者

2017 年 10 月

目　录

第一章

CATIA 曲面数字化设计概论

　　CATIA 软件是由法国达索公司(Dassault System)开发的一款 CAD/CAE/CAM 一体化软件。从 20 世纪 80 年代 CATIA 诞生以来，CATIA 系列产品在汽车、航空航天、船舶制造、厂房设计、建筑、电力与电子、消费品和通用机械制造等领域提供了 3D 设计和模拟解决方案。CATIA V5 版本的开发始于 1994 年，是 IBM 长期以来在为数字化企业服务过程中不断探索的结晶。围绕数字化产品和电子商务集成概念进行系统结构设计的 CATIA V5 版本，可为数字化企业建立一个针对产品整个开发过程的工作环境。

　　曲面造型(Surface Modeling)是 CATIA 软件的重要组成部分，它是计算机辅助几何设计(Computer Aided Geometric Design，CAGD)和计算机图形学(Computer Graphics)的一项重要内容，主要研究在计算机图像系统的环境下对曲面的表示、设计、显示和分析。在曲面造型领域内，除了 CATIA 软件外，还有其他曲面造型软件，如 EDS 公司的 Unigraphics NX(UG)软件，后来被 Siemens 公司收购，以及 PTC 公司的 CREO 软件，它们在不同领域有着各自的应用。而 CATIA 软件拥有超强于对手的曲面设计模块，在曲面数字化设计领域得到广泛应用。

1.1　CATIA 曲面数字化设计

　　数字化设计有别于传统的二维设计，它是以三维设计为核心，并结合产品设计过程中具体的需求，如曲面造型设计、数字样机评审等所形成的一套解决方案。

　　CATIA 曲面数字化设计主要包含正向设计和逆向设计两部分。早期的设计大多以正向设计为主，其历史渊源已经无法探寻。而逆向设计的诞生，是由于 20 世纪 50 年代，二战后的日本为紧跟美国的步伐，对电脑、消费品、通信产品进行拆解，对每个部件进行彻底的研究，进而吸收其设计思想，还把制造产品的机械装置作为研究的对象，融会贯通以改进和创新，这就是早期逆向设计的渊源。世界上第一台计算机和第一台数码照相机都是在美国诞生的，而日本人经过模仿和消化后，掌握了许多实用的核心技术，在数码相机、计算机领域后来居上，成为全球最大的数码相机生产供应地，直至 1980 年欧美国家许多学校及工业界才开始注意逆向工程这一领域。1990 年初期，包括中国台湾在内的各国地区学术界团队大量投入逆向工程的研究并发表成果。2003 年，CATIA 用于逆向工程 CAD/CAM 高阶曲面系统等方面技术成熟。直至今天，逆向设计作为掌握、改进和发展技术的一种手段，可使产品研制周期缩短 40%以上，从而极大地提高生产率。逆向设计的实际应用为许多企业的发展带来了生机，进而为创新设计和各种新产品开发奠定了良好基础。

1.2 CATIA 曲面正向设计

正向设计一般有严格的设计流程，包括从功能与规格的预期指标，到构思产品、设计各个零部件、制造、组装、测试等环节。如图 1-1 所示，汽车的正向设计流程主要有三个阶段：项目概念阶段、项目规划阶段、项目实施阶段。CATIA 曲面正向设计，主要是在方案设计阶段，采用 CATIA "形状" 模块对所设计的零部件进行构思、设计，直到三维模型生成，满足一定的设计目标。

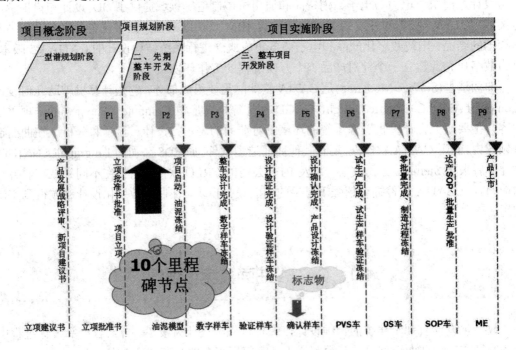

图 1-1 汽车的正向设计流程

1.3 CATIA 曲面逆向设计

逆向设计主要是通过一定的测量手段对实物或模型进行测量，根据测量数据通过三维几何建模方法重构实物的 CAD 模型的过程，是一个从样品生成产品数字化信息模型的过程。CATIA 曲面逆向设计，即在测量获得点云后，通过 CATIA 中的 Digitized Shape Editor

(DSE)模块将点云导入，采用点、线、面等方法构造出与实物或模型相近的三维模型过程。图 1-2 所示为采用 CATIA 进行汽车后备箱盖三维逆向建模的结果。

图 1-2　汽车后备箱盖 CATIA 三维逆向建模的结果

1.4　CATIA 曲面数字化设计主要模块介绍

1.4.1　创成式外形设计

创成式外形设计(Generative Shape Design，GSD)是 CATIA 进行曲面设计的主要模块之一，也是曲面设计的基础，可以使用线框和曲面特征快速创建简单或复杂的外形。该模块提供了非常完整的曲线操作工具和最基础的曲面构造工具，除了可以完成所有曲线操作以外，还可以完成拉伸、旋转、扫描、边界填补、桥接、修补碎片、拼接、凸点、裁剪、光顺、投影、高级投影和倒角等功能，连续性最高达到 G2 等级，生成封闭曲面，完全达到普通三维 CAD 软件曲面造型功能。该模块提供了大量的表面设计和表面创建工具，与其他模块配合使用，可满足实体造型功能。如图 1-3 所示，在创成式外形设计模块中采用草绘、拉伸、多截面曲面和合并曲面等操作完成导风管的曲面外形，通过零件设计模块中的厚曲面命令对该封闭曲面进行加厚处理，即可完成实体化操作，如图 1-4 所示。

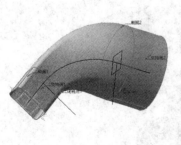  

图 1-3　导风管多截面曲面的创建　　　　图 1-4　导风管的曲面加厚

1.4.2　自由曲面

自由曲面(FreeStyle，FS)模块可以创建出不规则的曲面，由于该模块非参数化，其绘图方式自由。自由曲面模块的绘图大体上是通过移动、控制和编辑点的方式来定义曲面或曲线的外形。与创成式外形设计不同的是，自由曲面可以创建更为复杂的曲面，可脱离实体的限制，由用户的主观意识来决定所需的外形。另外，该模块提供了曲线和曲面分析工具，是三维逆向检测局部以及全部数据的必要工具和常用手段，也是保证逆向数模精度的重要工具。

图 1-5 所示为某车身的三维线型图，通过采用自由曲面模块中的相关命令，可以将车身三维线条图形绘制成如图 1-6 所示的车身三维曲面图形。

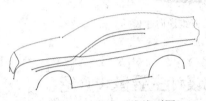 

图 1-5　车身三维线型图　　　　　　　　　图 1-6　车身三维曲面图形

1.4.3　数字曲面编辑器

任何零件的外表面都是由平面与曲面组成的，逆向设计就是利用点云创建平面与曲面，将这些面修剪缝合成零件的外表面，再通过加厚或包络体生成实体零件。

数字曲面编辑器(Digitized Shape Editor，DSE)模块具有强大的点数据预处理功能，通过对点数据进行剪切、合并，过滤、三角网格化等处理，以不丢失特征的前提将庞大的点云转换为部分点数据，点云经过三角网格化处理后，工件的特征更容易观察，可以建立特征线提供给 CATIA 其他模块进行建模，也可以直接进行数控加工。

点云数据可通过多种仪器测量而获得，如采用思看 PRINCE 系列手持式激光三维扫描仪可灵活而高效地获取点云数据，然后通过 CATIA 中的数字曲面编辑器将点云导入进行逆向的相关处理和设计。图 1-7 所示为思看 PRINCE 手持式扫描仪的扫描过程及点云生成情况。

图 1-7　思看 PRINCE 手持式扫描仪的扫描过程及点云生成情况

1.4.4　快速曲面重构

点云经过数字曲面编辑器(DSE)处理后，可以在快速曲面重构模块中快速而有效地重构曲面(缩短产品的开发流程)。快速曲面重构(Quick Surface Reconstruction，QSR)模块拥有强大的曲面重构功能，包括建立自由边界、提取特征曲线、多边界重构自由曲面、辨识与重建基本曲面(平面、圆柱、球、圆台等)。

　　CATIA 曲面数字化设计主要从上述的四个模块入手，本书将分章节对上述四个模块进行讲解，对于大部分命令都采用简单的实例进行叙述，并在章节后通过实际的正向或逆向设计问题将各模块中的工具栏综合调用。通常，CATIA 曲面数字化设计是逆向设计和正向设计的综合，在实际设计中的应用非常广泛。

第二章

创成式外形设计模块

∞∞∞∞∞∞∞∞∞∞∞∞∞∞∞∞

　　创成式外形设计是 CATIA 进行曲面设计的主要模块之一，也是曲面设计的基础，可以使用线框和曲面特征快速创建简单和复杂的外形。该模块提供了大量的表面设计和表面创建工具，与其他模块配合使用，可满足实体造型功能。

2.1　创成式外形设计模块功能介绍

　　启动 CATIA V5，在菜单栏依次选择"开始"→"形状"→"创成式外形设计"，进入创成式外形设计模块，如图 2-1 所示。

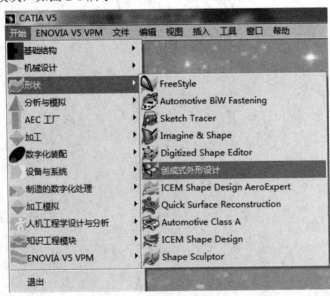

图 2-1　创成式外形设计模块的进入

创成式外形设计模块主要包括：
- 草图编辑器：在所选平面进行草绘操作，工具栏如图 2-2 所示。
- 线框：用于创建点、曲线以及基准平面，工具栏如图 2-3 所示。

图2-2　"草图编辑器"工具栏　　　　　　　图2-3　"线框"工具栏

- 法则曲线：用于定义公式参数，工具栏如图2-4所示。
- 曲面：用于构建曲面，工具栏如图2-5所示。

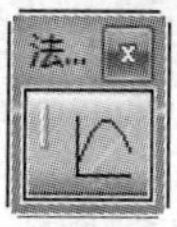

图2-4　"法则曲线"工具栏　　　　　　　图2-5　"曲面"工具栏

- 包络体：通过曲线、曲面生成实体，工具栏如图2-6所示。
- 操作：用于修改操作，可以对曲线和曲面等对象进行修改，工具栏如图2-7所示。

图2-6　"包络体"工具栏　　　　　　　图2-7　"操作"工具栏

- 约束：可以在3D空间下进行约束定义，工具栏如图2-8所示。
- 标注：用于注解标识，工具栏如图2-9所示。

图2-8　"约束"工具栏 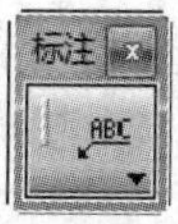　　　　　　　图2-9　"标注"工具条

- 分析：可以分析曲线、曲面的连接性，对曲面的锥度角、曲线与曲面曲率等进行分析，工具栏如图2-10所示。
- 复制：高级复制功能，可以进行高级复制、阵列等，工具栏如图2-11所示。

图2-10　"分析"工具栏　　　　　　　图2-11　"复制"工具栏

- 高级曲面：高级曲面构建操作，可通过突起、变形、约束曲线、曲面等方式生成曲面，工具栏如图2-12所示。
- 已展开外形：用于生长曲面，包括展开曲面与生成曲面两种方式生成曲面，工具栏如图2-13所示。

图2-12　"高级曲面"工具栏 　　　　　　　图2-13　"已展开外形"工具栏

2.2　草图编辑器

在建模的过程中，首先要绘制零件的轮廓线即草图，CATIA V5 中提供了草图编辑器，用于进行二维草图的绘制操作，本节介绍草图编辑器的用法及基本功能。

2.2.1　草图编辑器的进入与退出

单击 ⊿ 按钮，并点击某一工作平面，即可进入草图编辑器，如图 2-14 所示。

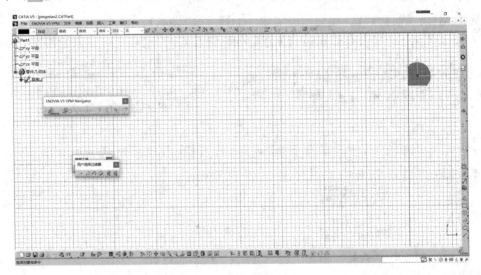

图 2-14　草图编辑器

在草图编辑器中单击 ⊔ 按钮，即可退出草图编辑器。

2.2.2　草图编辑器的命令简介

1. 轮廓

"轮廓"工具栏由轮廓线、矩形、圆、样条线、椭圆、直线、轴以及点组成，如图 2-15 所示。

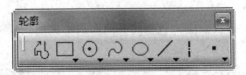

图 2-15　"轮廓"工具栏

(1) 轮廓线。

① 单击 ⌂ 按钮，出现随草图状态变化而变化的工具栏，如图 2-16 所示。

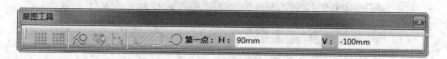

图 2-16 "草图工具"工具栏——轮廓线 1

② 在工具栏的空格内可以填入起始点的坐标值，也可以直接在草图平面内点选。当输入起始点坐标后，工具栏会发生变化，如图 2-17 所示，此时可在工具栏中输入第二个点的坐标。

图 2-17 "草图工具"工具栏——轮廓线 2

③ 按住鼠标左键，移动鼠标，系统将自动生成一个与当前直线相切的圆弧，如图 2-18 所示。在工具栏选择 ◯ 按钮时，可确保生成一个与直线相切的圆弧。

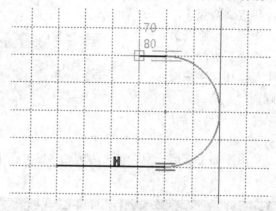

图 2-18 轮廓线的绘制 1

④ 在工具栏上单击 ◯ 按钮可进入三点画圆状态，即按照圆弧的起点、通过点、终点的顺序建立圆弧，如图 2-19 所示。

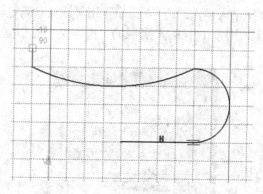

图 2-19 轮廓线的绘制 2

(2) 矩形。

① 单击 ▢ 按钮，用鼠标点取矩形的两对角点即可创建矩形，也可在"草图工具"中输入顶点坐标进行创建，如图 2-20 所示。

图 2-20　"草图工具"工具栏——矩形

② 点击 ▢ 按钮右下角的倒三角即可展开子工具栏，如图 2-21 所示，可以创建斜置矩形、平行四边形等轮廓线。

图 2-21　"预定义的轮廓"工具栏

(3) 圆。点击 ⊙ 按钮右下角的倒三角即可展开子工具栏，如图 2-22 所示，此工具栏提供了不同方式来建立圆或圆弧：

- ⊙ 圆心、半径画圆弧。
- ◔ 圆心、起点、终点画圆弧。
- ◠ 起点、终点、中点三点画圆弧。
- ◑ 起点、中点、终点三点画圆弧。
- ◔ 与选定的三个元素相切生成圆。
- ◉ 利用坐标系画圆。
- ◔ 三点画圆。

图 2-22　"圆"工具栏

下面我们以 ⊙ 为例进行说明：

① 单击 ⊙ 按钮，在草图平面上选取一点，定义为圆心，也可在工具栏输入坐标值，如图 2-23 所示。

图 2-23　"草图工具"工具栏——圆

② 在工具栏中的 R 空格内输入圆的半径，也可用鼠标点取确定圆上一点的方式建立圆。

③ 双击已生成的圆，出现如图 2-24 所示的"圆定义"对话框，可以更改圆心及圆的半径，对圆进行编辑。

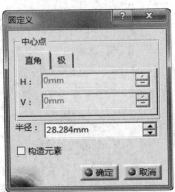

图 2-24　"圆定义"对话框

(4) 样条线。

① 样条线。单击 按钮，在草图平面点取几个点，即可生成一条通过所有点的样条线，双击鼠标完成，如图 2-25 所示。点击样条线的控制点可以修改样条线的形状，双击控制点，出现如图 2-26 所示的"控制点定义"对话框，可对控制点进行编辑。双击样条线，出现如图 2-27 所示的"样条线定义"对话框，可对样条线控制点及连续性等进行编辑。

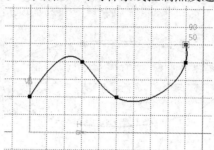

图 2-25 样条线的绘制

图 2-26 "控制点定义"对话框

图 2-27 "样条线定义"对话框

② 连接。点击 按钮右下角的倒三角，再单击 按钮，点击草图平面上的两条线，即可建立连接曲线，如图 2-28 所示。双击生成的连接曲线，出现如图 2-29 所示的"连接曲线定义"对话框，即可对连接曲线的相应参数进行修改。

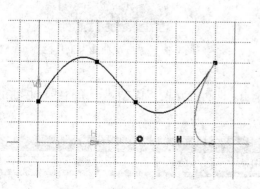

图 2-28 连接曲线的绘制

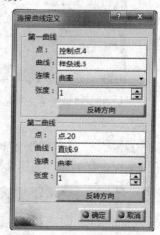

图 2-29 "连接曲线定义"对话框

(5) 椭圆。此命令可以通过定义椭圆中心、长轴(或短半轴)半径终点及位于椭圆上的一点来创建椭圆。

① 单击⚪按钮，在草图平面点取一点，定义椭圆中心，依次取点定义椭圆的一个顶点及通过椭圆的任意点，从而生成椭圆，如图2-30所示。用户也可以在工具栏中输入各选项的坐标创建椭圆，如图2-31所示。

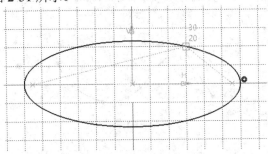

图 2-30 椭圆的绘制

图 2-31 "草图工具"工具栏——椭圆

② 双击已生成的椭圆，出现如图 2-32 所示的"椭圆定义"对话框，可以对椭圆的参数进行编辑。

点击⚪按钮右下角的倒三角调出子工具栏，如图2-33所示，可以创建抛物线、双曲线以及二次曲线。

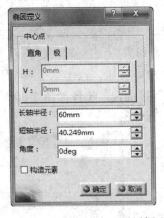

图 2-32 "椭圆定义"对话框   图 2-33 "二次曲线"工具栏

(6) 直线。

① 单击╱按钮，在草图平面上点取两个点，即可在这两点间创建一条直线，也可在工具栏中输入坐标进行创建，如图2-34所示。

图 2-34 "草图工具"工具栏——直线

② 双击生成的直线，出现如图 2-35 所示的"直线定义"对话框，可对直线的参数进行修改。

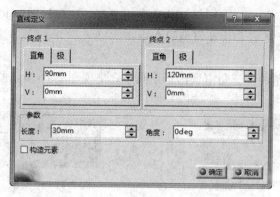

图 2-35　"直线定义"对话框

点击 ⁄ 按钮右下角的倒三角可调出子工具栏，出现如图 2-36 所示的"直线"工具栏对话框，也可以创建无限长线、双切线、角平分线以及曲线的法线。

(7) 单击 ┆ 按钮即可在草图上创建轴线，其创建方法与直线相同。

(8) 点击 • 按钮右下角的倒三角可调出子工具栏，出现如图 2-37 所示的"点"工具栏，可以创建任意点、坐标点、等距点、相交点以及投影点。

图 2-36　"直线"工具栏

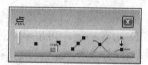

图 2-37　"点"工具栏

2. 操作

此功能组可以对轮廓线进行圆角、倒角、修剪、变换等操作，工具栏如图 2-38 所示。

(1) 圆角。

单击 ⌒ 按钮，出现如图 2-39 所示的"草图工具"工具栏，共有六种不同的倒圆角类型。

图 2-38　"操作"工具栏

图 2-39　"草图工具"工具栏——圆角

- ⌒ 修剪所有元素：修剪两条直线。
- ⌒ 修剪第一元素：修剪一条直线。
- ⌒ 不修建：不进行修剪。
- ⌒ 标准线修剪：修剪两条直线并将结构转化为实线。
- ⌒ 构造线修剪：修剪两条直线并保留修剪后的构造线。
- ⌒ 构造线未修剪：保留构造线。

(2) 倒角。

① 单击 ⌒ 按钮，出现如图 2-39 所示的"草图工具"工具栏。

② 选择倒角元素后可在工具栏中选择倒角方式。

(3) 修剪。

点击 ✕ 按钮右下角的倒三角可展开修剪子工具栏，出现如图 2-40 所示的"重新限定"工具栏，可执行修剪、断开和快速修剪等命令。

(4) 变换。

点击 ⬗ 按钮右下角的倒三角可调出子工具栏，出现图 2-41 所示的"变换"工具栏，可执行镜像、对称、平移、旋转、缩放以及偏移命令。

图 2-40   "重新限定"工具栏

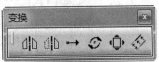
图 2-41   "变换"工具栏

(5) 几何图形。

此命令可以通过三维图形，在草图上创建轮廓。点击 ⬗ 按钮右下角的倒三角展开子工具栏，出现图 2-42 所示的"3D 几何图形"工具栏，包括投影 3D 元素、与 3D 元素相交以及投影 3D 轮廓边线三种类型。

图 2-42   "3D 几何图形"工具栏

• 投影 3D 元素：将空间几何体的边界投影到草图平面生成曲线。

• 与 3D 元素相交：可以获取草图平面与空间几何元素的交线。

• 投影 3D 轮廓边线：可以透过选择几何体，将空间的轮廓线投影至草图平面。

3. 约束

此功能组可以对草图进行标注及定义约束关系等。

① 对话框中定义的约束：点取元素，单击 ⬚ 按钮，出现图 2-43 所示的"约束定义"对话框，即可对元素的距离、长度和角度等进行约束。

② 约束：点取元素，单击 ⬚ 按钮，即可对元素进行约束，约束后的图形如图 2-44 所示。

图 2-43   "约束定义"对话框

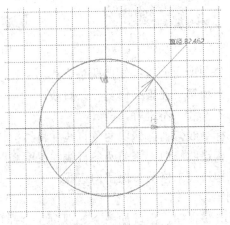
图 2-44   圆直径的约束

2.3 创 建 线 框

2.3.1 点

单击 按钮，出现图 2-45 所示的"点定义"对话框，点击 坐标 ▼ 按钮右边的倒三角，在"点类型"中出现 7 种创建点的方式，下面一一进行介绍。

(1) 坐标。

在"点类型"中选取"坐标"，在对话框中分别输入 X、Y、Z 的值即可建立点。

(2) 曲线上。

① 在"点类型"中选取"曲线上"，出现图 2-46 所示的对话框。

② 单击"曲线"空白栏，并在图形区点取曲线。

③ 单击"参考"中的"点"空白栏，并在图形区点取参考点。单击"反转方向"按钮，则会选择曲线上另一端点。

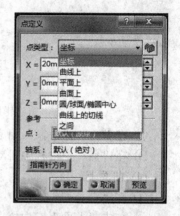

图 2-45 "点定义"对话框

④ 在"与参考点的距离"中选取"曲线上的距离"，并在"长度"中输入相应的值，即可建立点，如图 2-47 所示。也可选取"沿着方向的距离"或"曲线长度比率"进行创建。若单击"中点"按钮，则会在曲线的中点处创建一个点。

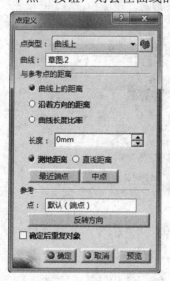

图 2-46 点的创建——"曲线上"方式

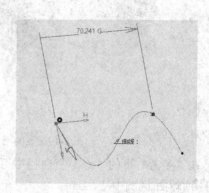

图 2-47 点的创建——"曲线上的距离"方式

(3) 平面上。

① 在"点类型"中选取"平面上"。

② 单击"平面"空白栏，并右击，出现图 2-48 所示的对话框，选择平面，也可以直接在图形区点取平面。

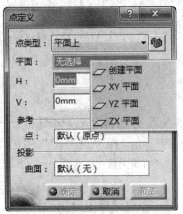

图 2-48　点的创建——"平面上"方式

③ 在 H、V 栏中输入相应值即可创建点。

④ 在"点"空白栏中可对参考点进行修改。

(4) 曲面上。

① 在"点类型"中选取"曲面上"。

② 单击"曲面"空白栏，并在图形区点取曲面。

③ 单击"方向"空白栏，并右击选取方向。

④ 在"距离"栏中输入值，即可创建曲面上的点，如图 2-49 所示。

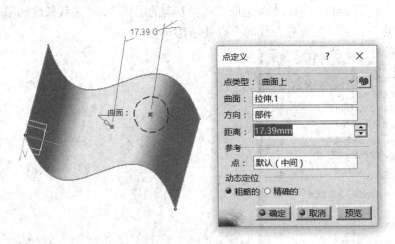

图 2-49　点的创建——"曲面上"方式

⑤ 在"参考"下的"点"空白栏中可以对参考点进行修改。

(5) 圆/球面/椭圆中心。

① 在"点类型"中选取"圆/球面/椭圆中心"。

② 单击"圆/球面/椭圆"中心空白栏，并在图形区选取球面，即可创建球面的中心，如图 2-50 所示。

（6）曲线上的切线。

① 在"点类型"中选取"曲线上的切线"。

② 单击"曲线"空白栏，并在图形区中点取曲线。

③ 单击"方向"空白栏，并右击，选取参考方向，点击"确定"按钮，即可创建曲线上的点，如图 2-51 所示。

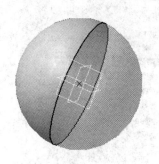

图 2-50　点的创建——"球心"方式

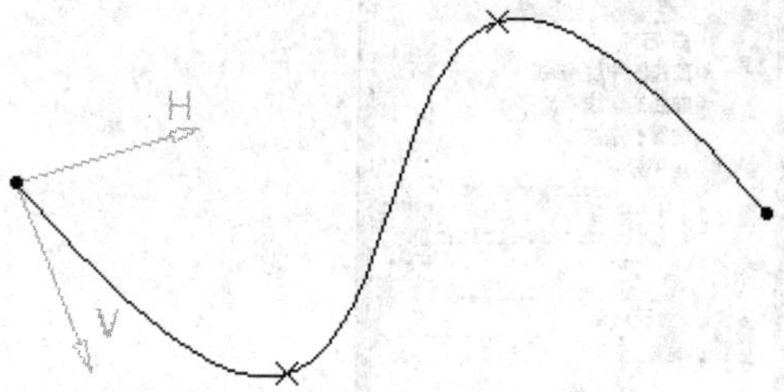

图 2-51　点的创建——"曲线上的切线"方式

（7）之间。

① 在"点类型"中选取"之间"。

② 单击"点 1"空白栏，并在图形区选取点，以同样的方法选取"点 2"。

③ 在"比率"栏中输入相应的比率，如图 2-52 所示。

④ 单击"支持面"空白栏，并右击，选择相应的支持面，也可在图形区点取，即可建立点。

点击 • 按钮右下角的倒三角可调出"点"子工具栏，如图 2-53 所示，可选取点面复制、端点以及端点坐标命令。在此，不对其进行一一介绍。

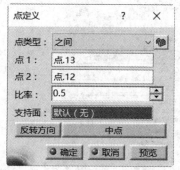

图 2-52　点的创建——"之间"方式

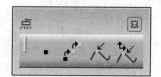

图 2-53　"点"工具栏

2.3.2　直线

单击 ／ 按钮，点击 点-点 按钮右边的倒三角符号，出现图 2-54 所示的"直线定义"对话框，在"线型"中出现 6 种创建直线的方式，下面一一进行介绍。

（1）点-点。

① 在"线型"中选取"点-点"。

② 单击"点1"空白栏，并在图形区选取点，也可右击进行点的创建。以同样的方法选取"点2"。

③ 在"起点"或"终点"栏处输入相应的值，可对直线进行延伸，其值也可为负。创建的直线如图 2-55 所示。

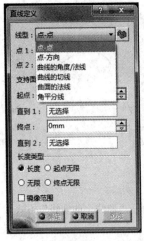

图 2-54 "直线定义"对话框

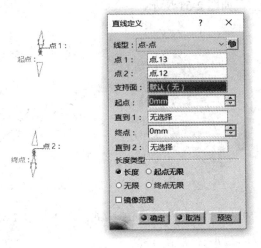

图 2-55 直线的创建——"点-点"方式

(2) 点-方向。

① 在"线型"中选取"点-方向"。

② 单击"点"空白栏，并右击选取直线延伸的方向。

③ 在"起点"和"终点"栏中输入相应的值，即可建立直线，如图 2-56 所示。

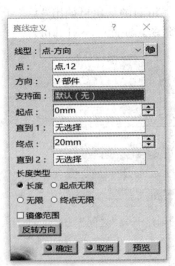

图 2-56 直线的创建——"点-方向"方式

(3) 曲线的角度/法线。

① 在"线型"中选取"曲线的角度/法线"。

② 单击"曲线"空白栏，并点取曲线。

③ 单击"点"空白栏,并在图形区点取点,也可以右击鼠标进行点的创建。

④ 在"角度"栏、"起点"和"终点"栏输入相应的值,即可创建曲线,如图 2-57 所示。

⑤ 单击"曲线的法线"按钮,则默认角度值为 90°,可创建曲线的法线。

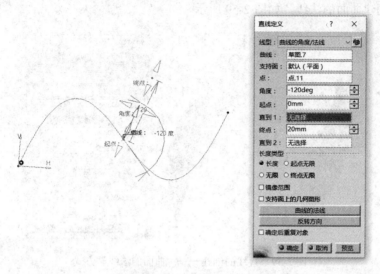

图 2-57 直线的创建——"曲线的角度/法线"方式

(4) 曲线的切线。

① 在"线型"中选取"曲线的切线"。

② 单击"曲线"空白栏,在图形区中点取曲线。

③ 单击"元素 2"空白栏,并在图形区点取点,也可右击创建点。

④ 在"类型"中选取"单切线",输入"起点"和"终点"的值,即可创建曲线的切线,如图 2-58 所示。

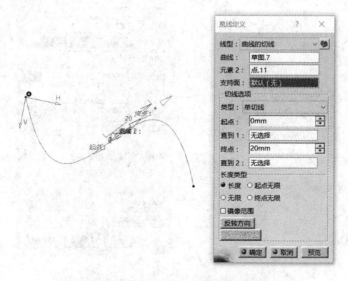

图 2-58 直线的创建——"曲线的切线"方式

(5) 曲面的法线。

① 在"线型"中选取"曲面的法线"。

② 单击"曲面"空白栏，在图形区中点取曲面。

③ 单击"点"空白栏，并在图形区点取点，也可右击创建点。输入"起点"和"终点"的值，即可创建曲面的法线，如图 2-59 所示。

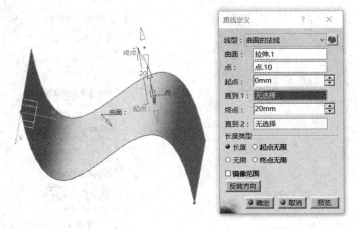

图 2-59　直线的创建——"曲面的法线"方式

(6) 角平分线。

① 在"线型"中选取"角平分线"。

② 单击"直线 1"空白栏，并在图形区点取直线，以同样的方法选取"直线 2"，输入"起点"和"终点"的值，即可创建角平分线，如图 2-60 所示。

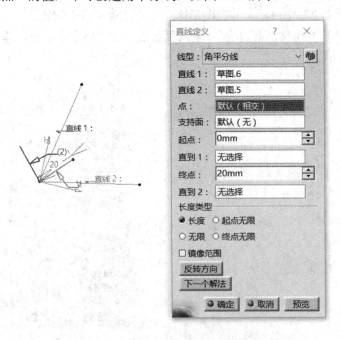

图 2-60　直线的创建——"角平分线"方式

2.3.3 轴线

通过轴线功能可以创建圆、椭圆、长圆形、旋转曲面或球面的中轴线。

(1) 点击 ✏ 按钮右下角的倒三角可展开子工具栏，单击 ┆ 按钮。

(2) 单击"元素"空白栏，并选取曲面，即可创建轴线，如图 2-61 所示。

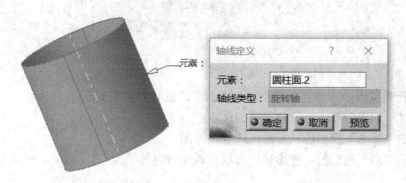

图 2-61 轴线的创建

2.3.4 平面

平面功能可以产生不同于 XY、YZ、XZ 三个基准面的平面，可以是绘制图形或实体的参考平面或基准平面。

单击 ⊘ 按钮，出现图 2-62 所示的"平面定义"对话框，点击 偏移平面 ▽ 按钮右边的倒三角，在"平面类型"中出现 11 种平面的创建方式，下面一一进行介绍。

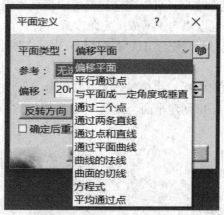

图 2-62 "平面定义"对话框

(1) 偏移平面。可通过平行于参考平面建立新平面，该参考平面可以是 XY、YZ、XZ 平面，也可以是任意平面或实体上的平面。

① 在"平面类型"中选取"偏移平面"。

② 单击"参考"空白栏，并右击选取平面，也可在图形区点取平面。

③ 设置"偏移"量，即可创建偏移平面，如图 2-63 所示。

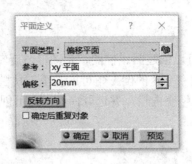

图 2-63 平面的创建——"偏移平面"方式

(2) 平行通过点：可通过平行于参考平面且通过一点建立平面。

① 在"平面类型"中选取"平行通过点"。

② 单击"参考"空白栏，并右击选取参考面。

③ 单击"点"空白栏，在图形区选取点，即可创建平面，如图 2-64 所示。

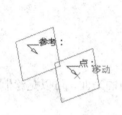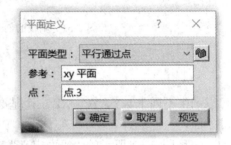

图 2-64 平面的创建——"平行通过点"方式

(3) 与平面成一定角度或垂直：可以建立与参考面垂直或成一定角度的平面。

① 在"平面类型"中选取"与平面成一定角度或垂直"。

② 单击"旋转轴"空白栏，并右击选取旋转轴，也可在图形区点取轴线或直线作为旋转轴。

③ 单击"参考"平面空白栏，并在图形区点取平面。

④ 输入"角度"值，即可创建平面，如图 2-65 所示。

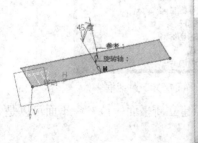

图 2-65 平面的创建——"与平面成一定角度或垂直"方式

(4) 通过三个点：可通过不在同一直线上的三个点创建平面。

① 在"平面类型"中选取"通过三个点"。

② 依次选取三个点，即可创建平面。

(5) 通过两条直线。

① 在"平面类型"中选取"通过两条直线"。

② 分别在图形区点取"直线1"和"直线2"，即可创建平面，如图2-66所示。

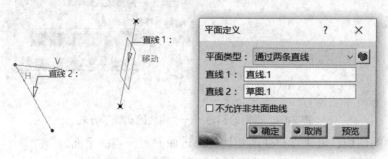

图2-66 平面的创建——"通过两条直线"方式

(6) 通过点和直线：可通过一点与一直线创建平面。

① 在"平面类型"中选取"通过点和直线"。

② 单击"点"空白栏，并在图形区选取点。

③ 单击"直线"空白栏，并在图形区选取直线，即可创建平面，如图2-67所示。

图2-67 平面的创建——"通过点和直线"方式

(7) 通过平面曲线：可以通过曲线创建平面。

① 在"平面类型"中选取"通过平面曲线"。

② 单击"曲线"空白栏，并在图形区点取曲线，即可创建平面，如图2-68所示。

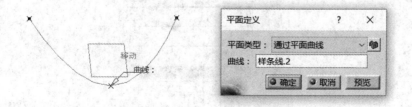

图2-68 平面的创建——"通过平面曲线"方式

(8) 曲线的法线：通过曲线上的一点及该点在曲线上的法线创建平面。

① 在"平面类型"中选择"曲线的法线"。

② 单击"曲线"空白栏，并在图形区点取曲线。

③ 单击"点"空白栏，在图形区点取点，即可创建平面，如图 2-69 所示。

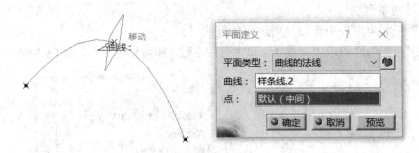

图 2-69　平面的创建——"曲线的法线"方式

(9) 曲面的切线：可建立与曲面相切且通过曲面上一点的平面。

① 在"平面类型"中选取"曲面的切线"。

② 单击"曲面"空白栏，在图形区点取曲面。

③ 单击"点"空白栏，并点取平面上的点，即可创建平面，如图 2-70 所示。

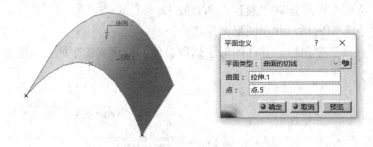

图 2-70　平面的创建——"曲面的切线"方式

(10) 方程式：可通过输入平面方程式 AX+BY+CZ=D 系数 A、B、C、D 建立平面。

① 在"平面类型"中选择"方程式"，出现图 2-71 所示的对话框。

② 在对话框中分别输入 A、B、C、D 的值建立平面。

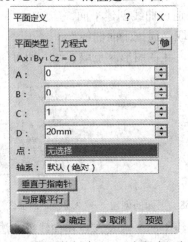

图 2-71　平面的创建——"方程式"方式

(11) 平均通过点：可以通过许多点的平均值建立平面。

① 打开 CATIA 数字化设计"G:\光盘资料\第二章实例\0points.CATPart"。

② 在"平面类型"中选取"平均通过点"，在图形区依次点取点，即可创建平面，如图 2-72 所示。

图 2-72 平面的创建——"平均通过点"方式

2.3.5 投影

投影命令通过将元素向支撑元素投影产生新的点或曲线。投影可以沿法线或沿某一方向进行。

(1) 打开 CATIA 数字化设计"G:\光盘资料\第二章实例\1projective.CATPart"。

(2) 单击 🔲 按钮，点击 法线 按钮右边的倒三角，出现图 2-73 所示的"投影定义"对话框，可见有法线和沿某一方向两种投影类型。

• 法线：法线方向，即光线由元素正上方发出，生成投影元素。

• 沿某一方向：可选择当前的直线、平面、轴线等作为投影的方向，也可在方向空白栏右击进行直线或平面的创建，亦可选择 X、Y、Z 部件。

(3) "投影类型"选取"法线"，选取"投影元素草图.1"，再单击 🔲 按钮；可一次选择多个元素。

(4) "支持面"选取"球面.1"。

(5) 单击"确定"按钮即可成功创建，如图 2-74 所示。

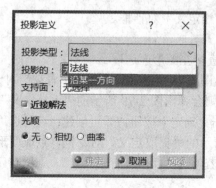
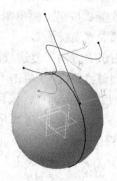

图 2-73 "投影定义"对话框   图 2-74 曲线在球面上的投影

当生成的投影元素有多个解时，可以勾选"近接解法"或取消该复选框勾选。

2.3.6 混合

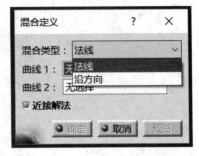

图 2-75 "混合定义"对话框

混合命令由两条曲线沿法线方向或某一方向拉伸形成的曲面相交生成组合曲线。

(1) 打开 CATIA 数字化设计"G:\光盘资料\第二章实例\2blend.CATPart"。

(2) 单击 按钮，点击 法线 按钮右边的倒三角，出现图 2-75 所示的"混合定义"对话框，可见有法线和沿方向两种混合类型。

- 法线：沿曲线所在平面的法线方向拉伸。
- 沿方向：可单独指定曲线的拉伸方向。

(3) "混合类型"选取"法线"，"曲线 1"选取"草图.4"，"曲线 2"选取"草图.3"，单击"预览"按钮，如图 2-76 所示。

(4) 单击"确定"按钮，创建完成。

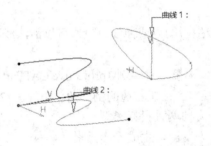

图 2-76 两条曲线的混合操作

2.3.7 反射线

反射线命令将光线由特定的方向射向一曲面，通过设定入射角度与反射角度之间的夹角在参考面上提取反射线。

(1) 单击 按钮，弹出图 2-77 所示的"反射线定义"对话框。

(2) 选取"支持面"。

(3) 右击"方向"复选框，选取方向，亦可直接在图形区选取。

(4) 调整"角度"，单击"确定"按钮，弹出图 2-78 所示的"多重结果管理"对话框，若勾选"使用近接/远离，仅保留一个子元素"，则会弹出图 2-79 所示的"近接定义"对话框，选取参考元素，勾选"近接"或"远"，点击"确定"按钮，即可创建；若勾选"使用提取，仅保留一个子元素"，则会弹出图 2-80 所示的"提取定义"对话框，点取图形区所要提取的元素，点击"确定"按钮，完成创建；若勾选"保留所有子元素"，则所有元素会保存下来。

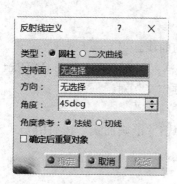

图 2-77　"反射线定义"对话框

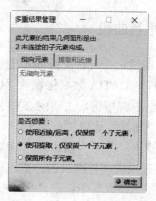

图 2-78　"多重结果管理"对话框

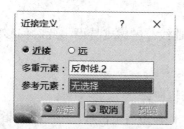

图 2-79　"近接定义"对话框

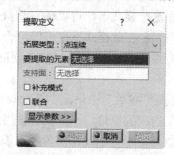

图 2-80　"提取定义"对话框

2.3.8　相交

相交是指由两个元素相交产生新的点或线。

(1) 打开 CATIA 数字化设计 "G:\光盘资料\第二章实例\3intersect.CATPart"。

(2) 单击 按钮，弹出图 2-81 所示的"相交定义"对话框。

(3) "第一元素"选取"拉伸.1"，或单击 按钮选取一组元素。

(4) "第二元素"选取"填充.1"，或单击 按钮选取另一组元素。

(5) 单击"预览"按钮，创建元素，单击"确定"按钮，完成创建。创建的元素如图 2-82 所示。

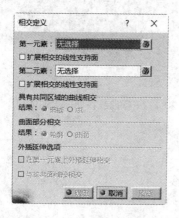

图 2-81　"相交定义"对话框

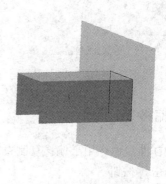

图 2-82　创建相交线

2.3.9　平行曲线

平行曲线命令可在支持面上创建与参考线平行的曲线。

(1) 打开 CATIA 数字化设计 "G:\光盘资料\第二章实例\4parallelcurve.CATPart"。

(2) 点击 按钮，出现图 2-83 所示的 "平行曲线定义" 对话框。

(3) "曲线" 选取 "草图.1"，"支持面" 选取 "拉伸.1"。

(4) 输入 "常量" 值，即平移量，也可以通过点击 "法则曲线" 按钮用公式定义平移量，或通过点取支持面上的一点进行平移。

(5) 在 "参数" 中设定 "平行模式"。

• 直线距离：欧几里得几何曲线，两个平行线之间的距离是最短的曲线，而不考虑支持面。在这个模式下，可以输入常量值，使两个曲线的距离是常数距离；也可点击 "法则曲线" 按钮。在此模式下也可以用公式定义平移距离。

• 测地距离：两个平行线之间的距离是最短的曲线，考虑支持面，此时偏移距离是常数。

(6) 在 "参数" 中设定 "平行圆角类型"。

• 尖的：尖锐角，平行曲线使用参考曲线的尖角特征。

• 圆的：平行曲线在拐角上以圆弧过渡，此时，偏移距离是常数，不必单独指定角的类型。

(7) 可在 "光顺" 中选择 "无"、"相切"、"曲率" 曲线平滑处理类型。

(8) 单击 "反转方向" 按钮，则平行曲线在另一侧生成，也可通过点击图形区箭头进行设定。若勾选 "双侧"，则会在曲线两侧同时生成平行曲线。

(9) 单击 "预览" 按钮生成曲线，单击 "确定" 按钮完成创建，如图 2-84 所示。

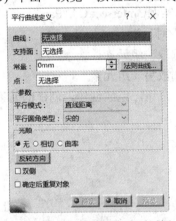

图 2-83　"平行曲线定义" 对话框

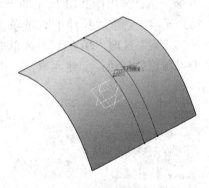

图 2-84　平行曲线在曲面上的创建

2.3.10　偏移 3D 曲线

偏移 3D 曲线命令用于偏移复制直线、弧或曲线。

(1) 单击 按钮。

(2) 选取 "曲线"。

(3) 在图形区选取"拔模方向",也可右击鼠标创建拔模方向。

(4) 输入"偏移"量。

(5) 在"3D 圆角参数"中调整"半径"和"张度",单击"确定"按钮即可完成创建,创建的图形如图 2-85 所示。

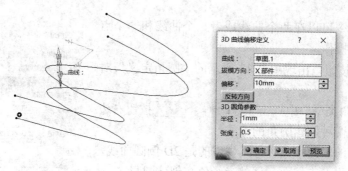

图 2-85　3D 曲线偏移的创建

2.3.11　圆

通过圆命令可以创建圆或圆弧,此图标和草图工作台的圆图标有所不同。

(1) 单击 ○ 按钮,出现图 2-86 所示的"圆定义"对话框。

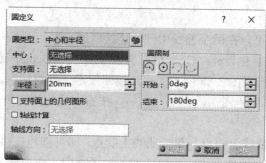

图 2-86　"圆定义"对话框

(2) 在【圆类型】中单击 中心和半径 按钮右边的倒三角,出现多种创建圆的方式:

• 中心和半径:通过选取圆中心点和支持面,输入圆半径创建圆。

• 中心和点:通过选取圆中心点、圆上点以及支持面创建圆。

• 两点和半径:通过选取圆上的两个点及支持面,输入圆半径创建圆。

• 三点:通过选取圆上的三个点创建圆。

• 中心和轴线:通过选取轴线和点,输入圆半径创建圆。

• 双切线和半径:通过选取两个元素,调整圆半径,建立与两个元素均相切的圆。

• 双切线和点:通过选取一元素、一曲线及一点,建立以该点为圆心且与元素和曲线均相切的圆。

• 三切线:通过选取三个元素,建立与三个元素均相切的圆。

• 中心和切线:通过选取圆中心以及一曲线,输入半径,建立与该曲线相切的圆。

(3) 在"圆限制"中设定生成圆或圆弧的角度,选择圆弧时可以通过设定"开始"和

"结束"的角度。

(4) 单击"预览"按钮生成图形，单击"确定"按钮完成创建。

2.3.12　圆角

通过圆角命令可以在两个曲线或者一个曲线和一个点之间进行倒圆角操作。

(1) 单击按钮，出现图 2-87 所示的"圆角定义"对话框。

(2) 在"圆角类型"中点击 支持面上的圆角 按钮右边的倒三角，出现两种创建圆角的方式：

• 支持面上的圆角：此种方式生成的是 2D 倒圆曲线，通过选取两个元素及支持面，调整半径值，创建圆角。

• 3D 圆角：此种方式生成的是 3D 倒圆曲线，通过选取两个元素，调整半径值，创建圆。

图 2-87　"圆角定义"对话框

• 勾选"顶点上的圆角"，且选择点作为唯一参考元素，调整半径值，创建圆。

(3) 单击"预览"按钮生成图形，单击"确定"按钮完成创建。

2.3.13　连接曲线

通过连接曲线命令可以在两个曲线中创建连接曲线。

(1) 打开 CATIA 数字化设计"G:\光盘资料\第二章实例\5connection.CATPart"。

(2) 单击 按钮，出现图 2-88 所示的"连线曲线定义"对话框。

(3) 在"连接类型"中点击 法线 按钮右边的倒三角，出现两种创建连接类型的方式：

• 法线：选取第一曲线上的点和第二曲线上的点，即可创建连接曲线，如图 2-89 所示。

• 基曲线：以基准曲线作为生成连接曲线的参考方向生成曲线。

图 2-88　"连接曲线定义"对话框

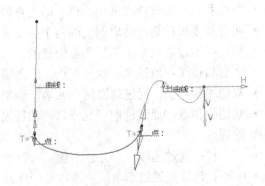

图 2-89　连接曲线的创建

（4）在"连续"中可以调整连续方式为点连续、相切连续或曲率连续。在"张度"中可以调整张度。单击"反转方向"按钮可更改曲线在端点处的方向。

（5）单击"预览"按钮生成图形，再单击"确定"按钮完成创建。

2.3.14　二次曲线

二次曲线包括圆弧、抛物线、双曲线与椭圆，可使用的约束条件有起点和终点，此命令通过点与切线方向等条件建立圆锥曲线。

（1）单击 按钮，出现图 2-90 所示的"二次曲线定义"对话框。

（2）选取"支持面"，设定"约束限制"。可以使用以下数个条件的组合构成圆锥曲线：

* 起点和终点：两点上的切线方向和一个参数值。
* 起点和终点：两点上的切线方向和一个曲线会通过的点。
* 起点和终点：两切线的相交点和一个参数值。
* 起点和终点：两切线的相交点和一个曲线会通过的点。
* 通过曲线的 4 个点和一个切线方向。
* 通过曲线的 5 个点。

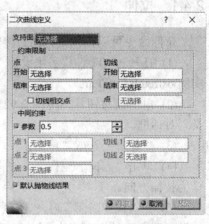

图 2-90　"二次曲线定义"对话框

（3）在"点"文本框中可以选择"开始"起点、"结束"终点，在对应的切线对话框中设定起点和终点的相切线。

* 切线相交点：设定起点和终点的切线方向的交点，反求圆锥曲线。
* 中间约束：中间限制条件区，其有两种方式，一是通过"参数"设定圆锥曲线类型；二是通过曲线上经过的点生成曲线，且必须按曲线经过点的先后顺序进行选择。

（4）单击"预览"按钮生成图形，单击"确定"按钮完成创建。如图 2-91 所示，选择起始点、切线相交点以及通过"参数"设定圆锥曲线类型生成椭圆线。

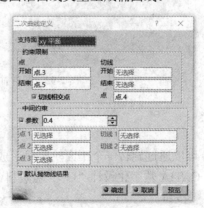

图 2-91　二次曲线的创建

2.4 创 建 曲 面

2.4.1 拉伸

拉伸命令可以在指定方向拉伸轮廓线形成曲面。

(1) 打开 CATIA 数字化设计 "G:\光盘资料\第二章实例\6stretch.CATPart"。

(2) 单击  按钮，出现图 2-92 所示的 "拉伸曲面定义" 对话框。

(3) "轮廓" 选取 "草图.1"。

(4) 单击 "方向" 空白栏，在图形区点取 "草图.2" 作为拉伸方向。

(5) 在 "拉伸限制" 内，"限制 1" 下的 "直到元素" 选取 "草图.2\顶点.1"，如图 2-93 所示。

(6) 单击 "预览" 按钮生成图形，单击 "确定" 按钮完成创建。

图 2-92 "拉伸曲面定义" 对话框

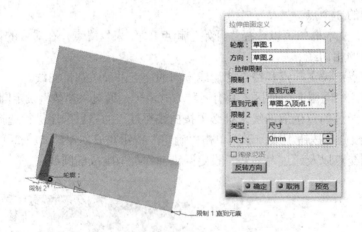

图 2-93 拉伸曲面的创建

2.4.2 旋转

旋转命令可以通过旋转一个平面轮廓线形成曲面。

(1) 打开 CATIA 数字化设计 "G:\光盘资料\第二章实例\7revolve.CATPart"。

(2) 单击 按钮。

(3) "轮廓" 选定 "草图.10"。

（4）选取"旋转轴"，可以将点取图形中的一条直线作为旋转轴，也可以右击鼠标进行选取。

（5）在"角限制"中调整"角度1"和"角度2"的值。

（6）单击"确定"按钮完成创建，如图2-94所示。

图 2-94　旋转曲面的创建

2.4.3　球面

球面命令可以生成球形表面。

（1）单击 ◎ 按钮，选取"球面轴线"，在默认情况下，球面轴线为 **XYZ** 坐标轴。

（2）在"球面半径"中输入半径值。

（3）在"球面限制"中调整经纬线起始和终止的角度来创建球面，也可单击 ◎ 按钮创建完整球面。

（4）单击"预览"按钮生成图形，单击"确定"按钮完成创建，如图2-95所示。

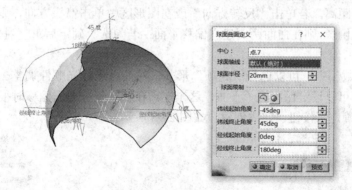

图 2-95　球面的创建

2.4.4　圆柱面

圆柱面命令用于生成圆柱面。

（1）单击 ▣ 按钮。

（2）选取"点"。

(3) 选取"方向",右击鼠标进行选取,也可以点取图形中的直线或平面。

(4) 在"参数"中,调整"半径"、"长度1"、"长度2"中的数值。

(5) 单击"确定"按钮完成创建,如图2-96所示。

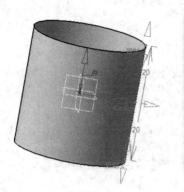
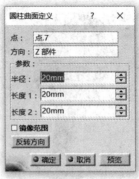

图 2-96　圆柱面的创建

2.4.5　偏移

偏移命令通过对已经存在的曲面设置偏移量以生成新的曲面。

(1) 打开 CATIA 数字化设计 "G:\光盘资料\第二章实例\8offset.CATPart"。

(2) 单击 按钮,弹出图2-97所示的"偏移曲面定义"对话框。

(3) 点击图形区所要偏移的曲面,"曲面"选取"拉伸.2"。

(4) 输入"偏移"量。

(5) 单击"预览",在视图上出现一个箭头,标明所要偏移的方向,可以左击鼠标移动箭头,改变偏移距离。若单击"反转方向"或在图形区中单击箭头方向,则可改变偏移方向;若勾选"双侧",则在曲面两侧建立偏移平面;若勾选"确定后重复对象",则可以重复偏移命令。

(6) 在"参数"中,可以选择"光顺"形式,对曲面进行光顺性调整。在"要移除的子元素"菜单下可以设定保留的子平面,这个选项在合并复杂曲面偏移时很有用。

(7) 单击"确定"按钮,完成创建,如图2-98所示。

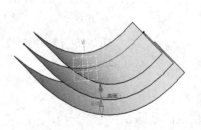

图 2-97　"偏移曲面定义"对话框　　　　　　　　图 2-98　偏移曲面的创建

2.4.6 扫掠

扫掠是指沿着一条或多条引导线移动一条轮廓线而成的曲面。

1．显示扫掠

(1) 使用参考曲面：扫描沿着位于参考面上的引导线生成曲面，生成的曲面与参考面夹角保持不变。

打开 CATIA 数字化设计"G:\光盘资料\第二章实例\9scan1.CATPart"，如图 2-99 所示。

单击 按钮，出现图 2-100 所示的"扫掠曲面定义"对话框，单击 按钮，即"轮廓类型"选为显示。在"子类型"选择"使用参考曲面"。在"轮廓"中选取"草图.1\边线"作为轮廓线，在"引导曲线"中选取"螺旋.1"作为引导线。单击"预览"按钮生成图形，单击"确定"按钮完成创建，如图 2-101 所示。

图 2-99 螺旋线   图 2-100 "扫掠曲面定义"对话框

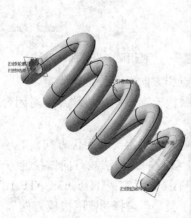

图 2-101 扫掠曲面的创建——"使用参考曲面"方式

在"曲面"中填入参考曲面用来控制轮廓线的位置,且引导曲线必须位于这个曲面上才能有效,默认参考面为脊线的平均曲线,选择"角度"扫描曲面与参考面的夹角,也可单击"法则曲线"用公式的方式设定该角度。

在"可选元素"中,"脊线"是定义扫描外形方向用的曲线,一般以引导线为预定设置,生成的扫描曲线轮廓线一定垂直脊线,可以用"边界1"和"边界2"定义脊线的长度。

在"光顺扫掠"中,勾选"角度修正"可设定参考曲面角度校正值,勾选"与引导线偏差"可设定与引导曲线偏差。

(2) 使用两条引导:通过轮廓线和两引导线生成扫描曲面。

打开 CATIA 数字化设计"G:\光盘资料\第二章实例\10scan2.CATPart"。单击 按钮,单击 按钮,即"轮廓类型"选为显示。"子类型"选择"使用两条引导曲线"。"轮廓"选择"草图.1","引导曲线 1"选择"草图.3","引导曲线 2"选择"直线 1","脊线"选择"Z 轴"(注:轮廓需与脊线垂直),单击"预览"按钮生成图形,单击"确定"按钮完成创建,如图 2-102 所示。

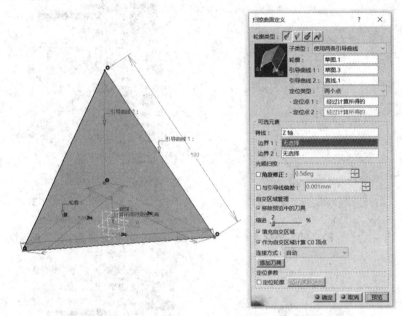

图 2-102　扫掠曲面的创建——"使用两条引导曲线"方式

在"定位类型"中有"两个点"和"点和方向"两种定位类型。

● 两个点:对开放轮廓可以不指定,默认轮廓线的极值端点,对闭合曲线是一定要指定的。

● 点和方向:在轮廓线上选择定位点填入,指定一个定位方向。

(3) 使用拔模方向:相当于带参考面中参考曲线的法线方向做拉伸方向的情况。

打开 CATIA 数字化设计"G:\光盘资料\第二章实例\11scan3.CATPart"。单击 按钮,单击 按钮,即"轮廓类型"选为显示。"子类型"选择"使用拔模方向"。"轮廓"选择"草图.1","引导曲线"选择"草图.2","方向"选择"Z 部件","角度"选择"30deg"。单击"预览"按钮生成图形,单击"确定"按钮完成创建,如图 2-103 所示。

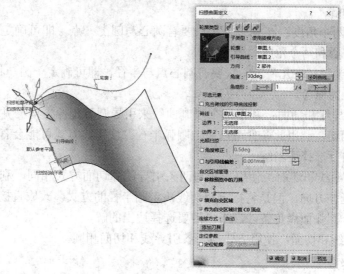

图 2-103　扫掠曲面的创建——"使用拔模方向"方式

2. 直线扫掠

单击 按钮，单击 按钮，在"子类型"下拉栏中有 7 种创建形式。

(1) 两极限：使用两条曲线作为曲面的起始曲线与结束曲线，曲面的前后延伸可以通过"脊线"中的"边界 1"和"边界 2"控制，左右延伸可以在"长度 1"和"长度 2"中进行调整。

(2) 极限和中间：使用两条曲线作为曲面的起始曲线和中间曲线。

(3) 使用参考曲面：使用一条曲线作为引导曲线，用一个面作为参考曲面(引导曲线必须在参考曲面内)，在"角度"中调整扫描曲面与参考曲面的夹角，左右延伸可以在"长度 1"和"长度 2"中进行调整。

(4) 使用参考曲线：使用一条曲线作为扫描曲面的引导曲线，用一条曲线作为参考曲线，新建的曲面将以引导曲线为起点，沿引导曲线的两侧延伸，并与参考曲线成一夹角，左右延伸可以在"长度 1"和"长度 2"中进行调整。

(5) 使用切面：使用一条曲线作为扫描曲面的引导曲线，用一曲面作为切面，新建的扫描曲面将以引导曲线为边线延伸，并与该曲面相切。

(6) 使用拔模方向：由一个引导曲线和拔模方向产生扫描曲线。

(7) 使用双切面：使用一条脊线和两个要相切的面建立面。

3. 圆扫掠

圆扫掠是利用几何元素建立圆弧，再将圆弧作为引导曲线扫描出曲面。

单击 按钮，单击 按钮，在"子类型"下拉栏中有 7 种创建形式：

(1) 三条引导线：利用 3 条引导线扫描出圆弧曲面。曲线可视为许多连续点的集合，在 3 点集合上，各取一点，使用三点作圆的方式建立一个圆弧，再将这些圆弧累积起来，就是一个圆弧曲面。

(2) 两个点和半径：在几何上，只要有两点和一半径即可以形成一圆弧，将点延伸为曲线，即为两个点和半径方式的概念。使用此方式会有四个完整的圆弧面满足条件，用户需要选择适当的解。

(3) 中心和两个角度：在几何上，只要有圆心与圆上一点，即可确定一圆，将点延伸为曲线，即为中心和两个角度的概念。

(4) 圆心和半径：在几何上，只要有圆心点与半径，即可确定一圆，将点延伸为曲线，即为圆心和半径的概念。

(5) 两条引导线和切面：利用两个限制曲线来引导圆弧延伸方向，并且圆弧在第一个曲线处与曲面相切，利用此条件可以决定圆弧半径。使用此方式可能会有多个圆弧面满足条件，用户可自行选择适当解。

(6) 一条引导线和切面：使用方式与两条引导线和切面方式相同，利用一条引导曲线来引导圆弧的延伸方向，但是将指定相切线决定圆半径的方式，改成直接输入半径。使用此方式会有多个圆弧面满足条件，用户需要选择适当的解。

(7) 限制曲线和切面：使用方式与一条引导线和切面相同。

4．二次曲线

二次曲线是利用约束条件建立平面的圆锥曲线后，沿着指定方向延伸，生成曲面。

单击 按钮，单击 按钮，在"子类型"下拉栏中有 4 种创建形式：

(1) 两条引导曲线：需要两条位于个别切线曲面上的引导线，指定相切角度与圆锥曲线参数，即可完成圆锥曲面。

(2) 三条引导曲线：需要两条位于切曲面上的引导曲线，指定相切角度和拾取切曲面，所创建圆锥曲面要经过第三条引导曲线。

(3) 四条引导曲线：需要一条位于切曲面上的引导曲线，以及三条位于圆锥曲面的引导曲线，指定相切的角度，即可完成圆锥曲面。

(4) 五条引导曲线：需要五条位于圆锥曲面的引导曲线，即可完成圆锥曲面。

2.4.7　适应性扫掠

适应性扫掠是通过选择不同的截面给定不同的约束条件来完成曲面的创建。

(1) 打开 CATIA 数字化设计"G:\光盘资料\第二章实例\12scan4.CATPart"。

(2) 单击 按钮，弹出图 2-104 所示的对话框。

图 2-104　"适应性扫掠定义"对话框

（3）在"引导曲线"中选择"草图.3"，则"脊线"默认为"草图.3"，在"草图"中选取"草图.2"。

（4）单击"预览"按钮生成图形，单击"确定"按钮完成创建，如图 2-105 所示。

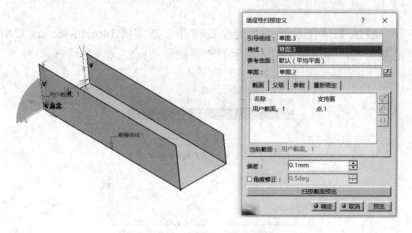

图 2-105　适应性扫掠的创建

2.4.8　填充

填充是通过填充一组曲线或曲面边线组成的封闭区域以生成曲面。

（1）打开 CATIA 数字化设计"G:\光盘资料\第二章实例\13fill.CATPart"。

（2）单击 🖾 按钮，弹出图 2-106 所示的"填充曲面定义"对话框。

（3）拾取封闭曲线。若同时拾取曲线所在的平面，则填充生成的面与选择的支持面之间将保持连续，在"连续"中可以选择的连续类型有点、切线或曲率连续。

（4）单击"预览"按钮生成图形，单击"确定"按钮完成创建，如图 2-107 所示。

图 2-106　"填充曲面定义"对话框

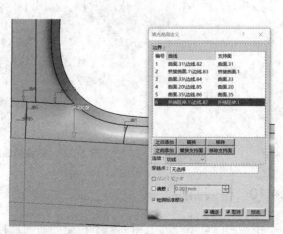

图 2-107　填充曲面的创建

2.4.9 多截面曲面

多截面曲面是通过多个轮廓曲线扫掠生成曲面，生成曲面中的每个截面由定义的轮廓曲线决定。

(1) 打开 CATIA 数字化设计"G:\光盘资料\第二章实例\14multi-section. CATPart"。

(2) 单击 按钮，弹出图 2-108 所示的"多截面曲面定义"对话框。

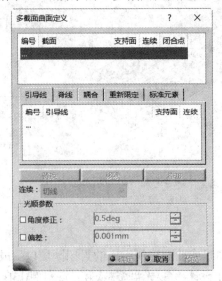

图 2-108   "多截面曲面定义"对话框

(3) 拾取截面，拾取引导线。截面必须与引导线相交。

(4) 单击"预览"按钮生成图形，单击"确定"按钮完成创建，如图 2-109 所示。

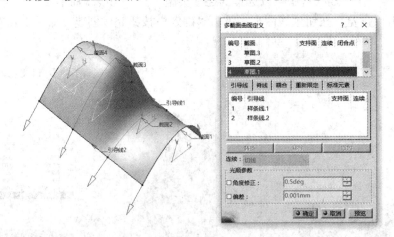

图 2-109   多截面曲面的创建

2.4.10 桥接曲面

桥接曲面可将空间上相邻但不相交的曲面连接，生成质量较高的连接曲面。

(1) 打开 CATIA 数字化设计"G:\光盘资料\第二章实例\15bridging.CATPart"。

(2) 单击 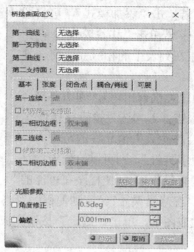 按钮,弹出图 2-110 所示的"桥接曲面定义"对话框。

图 2-110 "桥接曲面定义"对话框

(3) "第一曲线"选取"分割.12\边线.70","第一支持面"选取"分割.12","第二曲线"选取"多截面曲面.1\边线.71","第二支持面"选取"多截面曲面.1"。在"第一连续"下拉菜单中可选连续类型为点连续、相切连续和曲率连续。

(4) 单击"预览"按钮生成图形,单击"确定"按钮完成创建,如图 2-111 所示。

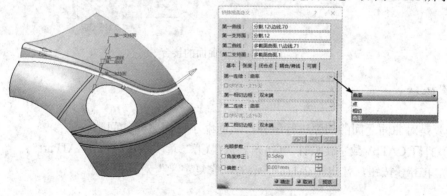

图 2-111 桥接曲面的创建

2.5 操 作

2.5.1 接合

接合是将各个单独的曲面或曲线合并成一个元素(曲面或曲线的集合体)。

(1) 打开 CATIA 数字化设计"G:\光盘资料\第二章实例\16joint.CATPart"。

② 单击▦按钮，弹出图 2-112 所示的"接合定义"对话框。

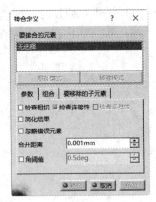

(3) 选取要接合的元素。若单击"添加模式"，可将图形区中某一元素添加仅列表中；若单击"移除模式"，在图形区中拾取某一元素，则原本在列表中的相应元素将会被移出列表。

图 2-112 "接合定义"对话框

(4) 在"参数"中，若勾选"检查相切"，则所要接合的元素必须相切，否则将会报错；若勾选"检查连接性"，则所要接合的元素必须在"合并距离"值允许的范围内，否则将会报错；若勾选"检查多样性"，则可以检查连接是否生成多个结果；若勾选"简化结果"，则使程序在可能的情况下，减少元素；若勾选"忽略错误元素"，则使程序忽略那些不允许连接的元素。

(5) 单击"预览"按钮生成图形，单击"确定"按钮完成创建，如图 2-113 所示。

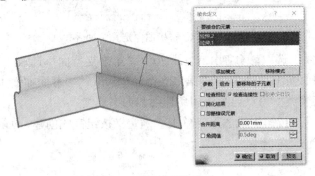

图 2-113 两曲面的接合

2.5.2 修复

修复是对曲面之间的间隙进行缝补，从而缩小曲面之间的间隙。

(1) 打开 CATIA 数字化设计 "G:\光盘资料\第二章实例\17repair.CATPart"。

(2) 单击▦按钮，弹出图 2-114 所示的"修复定义"对话框。

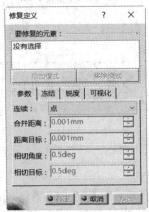

图 2-114 "修复定义"对话框

(3) 选取要修复的元素。在"合并距离"中可以调整修复的距离上限，比设置的间隙更大的距离将不被修复；在"距离目标"中可以调整修复元素之间的最大距离。

(4) 单击"预览"按钮生成图形，单击"确定"按钮完成创建，如图 2-115 所示。

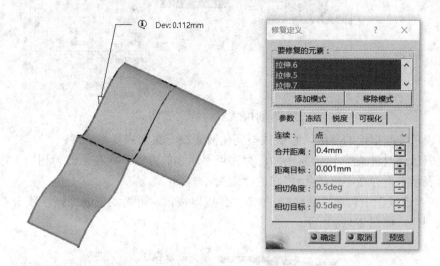

图 2-115 曲面的修复

2.5.3 曲线光顺

曲线光顺可减少曲线的不连续点(C0 点、C1 相切、C2 曲率连续性)，使光顺后的曲线不存在拐点和奇异点，曲率变化均匀，更加流畅。

(1) 打开 CATIA 数字化设计 "G:\光盘资料\第二章实例\18smooth.CATPart"。

(2) 单击 $\boxed{S}$ 按钮，弹出图 2-116 所示的"曲线光顺定义"对话框。

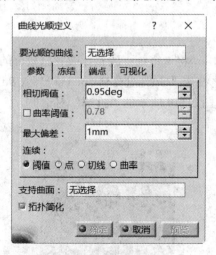

图 2-116 "曲线光顺定义"对话框

(3) 在"要光顺的曲线"中选取要光顺的曲线，在"连续"中勾选"阈值"，点击"预览"按钮，如图 2-117 所示。

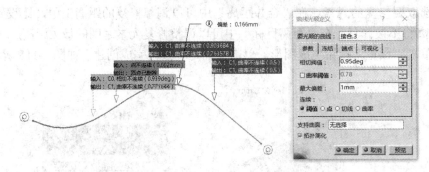

图 2-117   曲线光顺——"阈值"方式

红框表示按照指定的参数，系统找不到任何解决方案来修复不连续。

黄框表示已改进某些不连续(例如，存在点不连续的位置，现在已改为相切不连续)。

绿框表示不再存在不连续(已将它进行光顺)。

(4) 在"连续"中勾选"曲率"，单击"预览"按钮，可见均变成绿框，单击"确定"按钮完成创建，如图 2-118 所示。

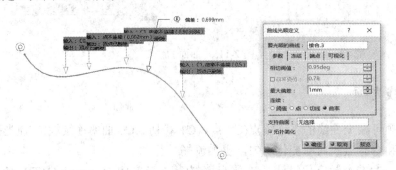

图 2-118   曲线光顺——"曲率"连续

2.5.4 拆解

拆解是与接合操作相对立，将一个统一的整体或者已接合的整体变为若干部分的过程。

(1) 打开 CATIA 数字化设计"G:\光盘资料\第二章实例\19dismantling.CATPart"。

(2) 单击 ▦ 按钮，出现图 2-119 所示的"拆解"对话框。

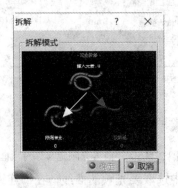

图 2-119   "拆解"对话框

(3) 点击图形，在对话框内可以选择拆解模式。

• 所有元素：拆解成最小的曲面。

• 仅限域：若曲面边线相连/曲线端点相连，拆解后仍然视为一个曲面/曲线。

(4) 单击"仅限域"，点取所要分解的元素，单击"确定"按钮，完成分解，如图 2-120 所示。

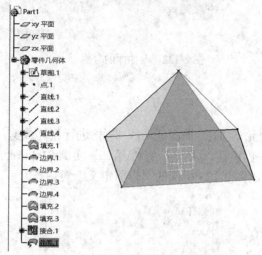

图 2-120　曲面的拆解

2.5.5　分割

分割是利用一个元素作为切除元素对曲线/曲面进行裁剪。

(1) 打开 CATIA 数字化设计"G:\光盘资料\第二章实例\20break.CATPart"。

(2) 单击 按钮，弹出图 2-121 所示的"定义分割"对话框。

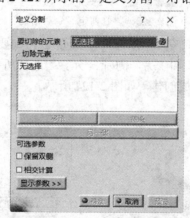

图 2-121　"定义分割"对话框

(3) 点取"填充.1"作为"要切除元素"，当单击 按钮时可以选取多个元素作为"要切除元素"。点取"填充.2"作为"切除元素"，单击"预览"，要保留的元素以高亮区显示，若保留下的元素不是想要保留的元素，则可以单击"另一侧"来切换要保留的元素。

(4) 单击"确定"按钮完成创建，如图 2-122 所示。

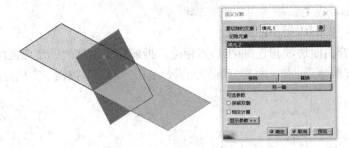

图 2-122　两曲面的分割

2.5.6　修剪

修剪是使用两个同类元素(曲面-曲面或曲线-曲线)进行相互裁剪，并接合成一个元素。

(1) 打开 CATIA 数字化设计 "G:\光盘资料\第二章实例\21shave.CATPart"。

(2) 单击 按钮，弹出图 2-123 所示的 "修剪定义" 对话框。

图 2-123　"修剪定义" 对话框

(3) 点取 "填充.1" 和 "填充.2" 作为 "修剪元素"，则要保留的元素以高亮区显示，可以单击 "另一侧/下一元素" 和 "另一侧/上一元素" 选择所要保留的区域。

(4) 单击 "确定" 按钮完成创建，如图 2-124 所示。

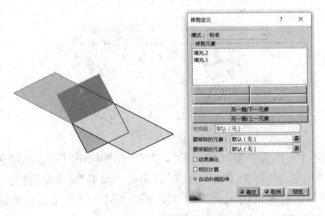

图 2-124　两曲面的修剪

2.5.7 边界

边界命令可以将曲面的边界单独提取出来作为一个元素。

(1) 打开 CATIA 数字化设计"G:\光盘资料\第二章实例\22border.CATPart"。

(2) 单击 ⌒ 按钮，弹出图 2-125 所示的"边界定义"对话框。

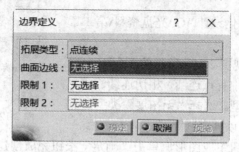

图 2-125   "边界定义"对话框

(3) 在"拓展类型"下拉栏中有四种拓展类型：

- 完整边界：提取曲面的全部边线；
- 点连续：提取与所选边线点连续的边线；
- 切线连续：提取与所选边线切线连续的边线；
- 无拓展：只提取选中的边线。

(4) 选取恰当的拓展类型后，再点击所需的边界，单击"确定"按钮即可创建边线。

(5) 若首先点取曲面，则出现图 2-126 所示的对话框，此时以完整边界的形式显示边线，可在曲面上点取"限制 1"和"限制 2"的内容，图形区出现箭头，点击箭头即可调整边界范围。

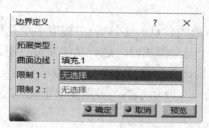

图 2-126   曲面边界的创建

(6) 单击"预览"按钮生成图形，单击"确定"按钮完成创建，如图 2-127 所示。

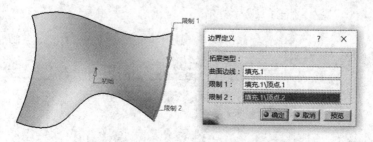

图 2-127   曲面边界的创建——限制的应用

2.5.8 提取/多重提取

1．提取

该命令可以从一些元素(曲线、点、实体等)提取几何形状作为元素。

(1) 打开 CATIA 数字化设计"G:\光盘资料\第二章实例\23collect1.CATPart"。

(2) 单击 按钮，出现图 2-128 所示的"提取定义"对话框，在"拓展类型"中有点连续、相切连续、曲率连续和"无拓展"4 种类型。选择"无拓展"类型，点取所要提取元素，则元素以高亮区显示。

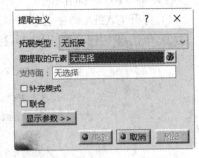

图 2-128 "提取定义"对话框

(3) 单击"预览"按钮生成图形，单击"确定"按钮完成创建，如图 2-129 所示。

图 2-129 曲面的提取

2．多重提取

该命令可以从一些元素(曲线、点、实体等)中提取多个几何形状作为元素。特别是当生成元素是由几个不连接的子元素组成时，这个功能非常方便。

(1) 打开 CATIA 数字化设计"G:\光盘资料\第二章实例\24collect2.CATPart"。

(2) 单击 按钮，出现图 2-130 所示的"多重提取定义"对话框。可在图形区中点取多个元素。

图 2-130 "多重提取定义"对话框

（3）单击"预览"按钮生成图形，单击"确定"按钮完成创建，如图 2-131 所示。

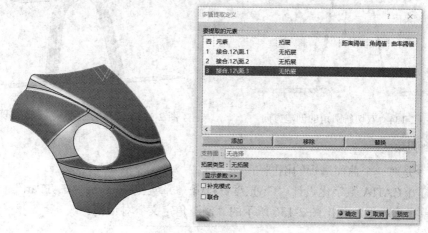

图 2-131 曲面的多重提取

2.5.9 圆角

1. 简单圆角

该命令是对两个曲面进行的倒圆角。

（1）打开 CATIA 数字化设计"G:\光盘资料\第二章实例\25corner1.CATPart"。

（2）单击 按钮，弹出图 2-132 所示的"圆角定义"对话框。

（3）在"圆角类型"中选取"双切线圆角"，"支持面 1"选择拉伸.1，"支持面 2"选择拉伸.3，勾选"半径"，输入值 10 mm，单击"预览"按钮生成图形，点击"确定"按钮完成创建，如图 2-133 所示。

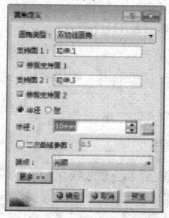

图 2-132 "圆角定义"对话框

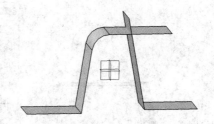

图 2-133 两曲面之间创建圆角

（4）在"圆角类型"中选取"双切线圆角"，"支持面 1"选择"拉伸.1"，"支持面 2"选择"拉伸.2"，"要移除的支持面"选择"拉伸.3"，此时图形区出现箭头，要正确选取箭头方向，如图 2-134 所示。单击"预览"按钮生成图形，单击"确定"按钮完成创建，如图 2-135 所示。

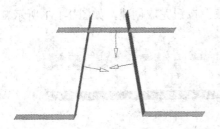

图 2-134　双切斜圆角的创建方向

图 2-135　圆角的创建——双切线圆角

2．倒圆角

该命令是对一个曲面进行的倒圆角。

(1) 打开 CATIA 数字化设计"G:\光盘资料\第二章实例\26corner2.CATPart"。

(2) 单击 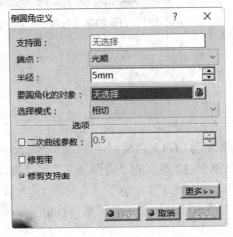 按钮，弹出图 2-136 所示的"倒圆角定义"对话框。

图 2-136　"倒圆角定义"对话框

(3)"支持面"选取"修剪.2"，此支持面必须是一个曲面，"要圆角化的对象"选取"修剪.2\目标相交边线.1"，调整"半径"。

(4) 单击"预览"按钮生成图形，单击"确定"按钮完成创建，如图 2-137 所示。

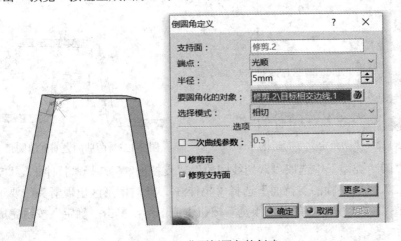

图 2-137　曲面倒圆角的创建

3. 可变圆角

该命令是在某个曲面的边线创建不同半径的圆角。

① 打开 CATIA 数字化设计 "G:\光盘资料\第二章实例\27corner3.CATPart"。

(2) 单击 按钮，弹出图 2-138 所示的 "可变半径圆角定义" 对话框。

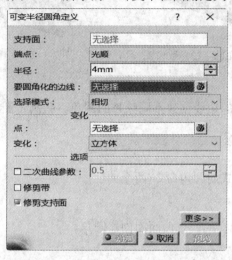

图 2-138 "可变半径圆角定义" 对话框

(3) 选取 "要圆角化的边线"，调整 "半径" 值，此时要圆角化的边线两端如图 2-139 所示。

(4) 鼠标右击 "点" 右侧的输入栏，拾取 "创建点"，弹出图 2-140 所示的 "点定义" 对话框，单击 "中点" 按钮，点击 "确定" 按钮。调整 "半径" 值，也可通过双击点的半径，在弹出框中修改半径值，如图 2-141 所示。

(5) 单击 "预览" 按钮生成图形，单击 "确定" 按钮完成创建，如图 2-142 所示。

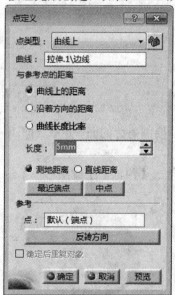

图 2-140 "点定义" 对话框

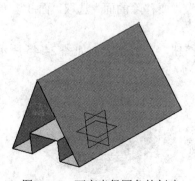

图 2-139 可变半径圆角的创建

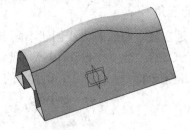

图 2-141 可变半径圆角的半径参数设置   图 2-142 创建后的可变半径圆角

4．弦圆角

该命令是在某个曲面的边线创建不同弦长的圆角。弦圆角图标为 按钮，其创建方式与可变圆角相同。

5．样式圆角

该命令是综合多种形式的圆角命令(两个曲面)。

6．面与面的圆角

该命令是在相交/不相交的两个曲面间创建圆角。

7．三切线内圆角

该命令是创建与三个定制面相切的圆角，与简单圆角中的三切线圆角类似，不同之处在于本命令只有一个曲面。

(1) 打开 CATIA 数字化设计 "G:\光盘资料\第二章实例\28corner4.CATPart"。

(2) 单击 按钮，弹出图 2-143 所示的"定义三切线内圆角"对话框。

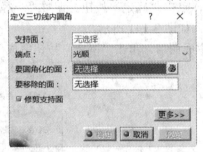

图 2-143   "定义三切线内圆角"对话框

(3) "要圆角化的面"选取"面.1"和"面.2"，"要移除的面"选取"面.3"，如图 2-144 所示。

(4) 单击【预览】生成图形，单击"确定"按钮，完成创建，如图 2-145 所示。

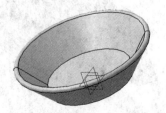

图 2-144 三切线内圆角的选择   图 2-145   创建后的三切线内圆角效果

2.5.10　平移

平移是将一个或多个对象平移并复制。

(1) 打开 CATIA 数字化设计"G:\光盘资料\第二章实例\29translation.CATPart"。

(2) 单击 🔳 按钮，弹出图 2-146 所示的对话框。

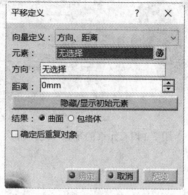

图 2-146　"平移定义"对话框

　　(3) 在"向量定义"中选择"方向、距离"，选取"元素"，单击"方向"空白栏，右击选择平移方向"Z 部件"，也可以在图形区点取直线，或平面(以平面的法线作为平移方向)，调整"距离"。若单击"隐藏/显示初始元素"按钮，则被平移的元素会被隐藏。单击"预览"生成图形，单击"确定"按钮完成创建，如图 2-147 所示。

图 2-147　元素的平移——方向、距离

　　(4) 在"向量定义"中选择"点到点"，分别设置"元素"、"起点"和"终点"，单击"预览"按钮生成图形，单击"确定"按钮完成创建，如图 2-148 所示。

图 2-148　元素的平移——点到点

(5) 在"向量定义"中选择"坐标",选取元素,输入 X、Y、Z 坐标,单击"预览"按钮生成图形,单击"确定"按钮完成创建,如图 2-149 所示。

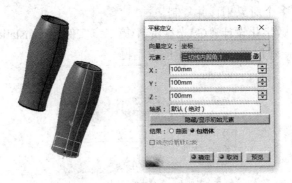

图 2-149 元素的平移——坐标

2.5.11 旋转

1. 轴线-角度

该命令通过定义旋转的中心轴线和旋转角度来旋转元素。

(1) 打开 CATIA 数字化设计"G:\光盘资料\第二章实例\30gyrate.CATPart"。

(2) 单击 按钮,弹出图 2-150 所示的"旋转定义"对话框。

图 2-150 "旋转定义"对话框

(3) 分别设置"元素"、"轴线",并调整"角度"值,单击"预览"按钮生成图形,单击"确定"按钮完成创建,如图 2-151 所示。

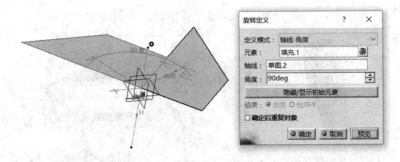

图 2-151 元素的旋转

（4）分别设置"元素"、"轴线"，并调整"角度"值，若勾选"确定后重复对象"，单击"确定"按钮，则会弹出图 2-152 所示的"复制对象"对话框。输入"实例"数，单击"确定"按钮完成创建，如图 2-153 所示。

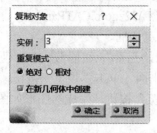

图 2-152　"复制对象"对话框

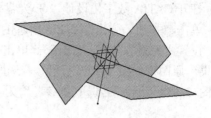

图 2-153　元素的旋转效果图

2．轴线-两个元素

两个元素的法线角度差值即为旋转的角度。

3．三点

三个参考点可构成一个平面，第一点为旋转起始位置，第二点为通过该点的平面法线(旋转轴)，第三点为旋转终了位置。

2.5.12　对称

对称命令是将一个或多个元素以参考面为镜面对称，复制出元素。

（1）打开 CATIA 数字化设计"G:\光盘资料\第二章实例\31symmetry.CATPart"。

（2）单击 按钮，弹出图 2-154 所示的"对称定义"对话框。

（3）分别设置"元素"及"参考"面。

（4）单击"预览"按钮生成图形，单击"确定"按钮完成创建，如图 2-155 所示。

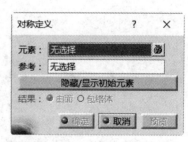

图 2-154　"对称定义"对话框

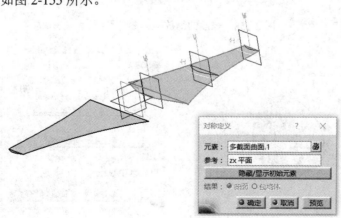

图 2-155　元素的对称

2.5.13　缩放

缩放命令是将一个/多个元素按照参考位置(平面)缩放一定的比率。

(1) 打开 CATIA 数字化设计"G:\光盘资料\第二章实例\32zoom.CATPart"。

(2) 单击 ⌸ 按钮，弹出图 2-156 所示的"缩放定义"对话框。

(3) 设置"元素"，输入"比率"。单击"隐藏/显示初始元素"，可隐藏元素，便于观察缩放效果。原图形如图 2-157 所示。若选取"参考"为平面，单击"预览"按钮，生成的图形如图 2-158 所示；若选取"参考"为点，单击"预览"按钮，生成的图形如图 2-159 所示。

(4) 单击"确定"按钮完成创建。

图 2-156　"缩放定义"对话框

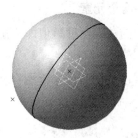

图 2-157　缩放前的球面

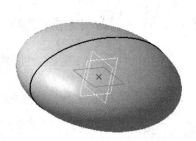

图 2-158　球面的缩放——参考平面

图 2-159　球面的缩放——参考点

2.5.14 仿射

通过仿射可变换生成新的元素。本功能比缩放功能更具有一般性，可以在三个坐标方向设置不同的比例。

(1) 打开 CATIA 数字化设计"G:\光盘资料\第二章实例\33affine.CATPart"。

(2) 单击 按钮，弹出图 2-160 所示的"仿射定义"对话框。

(3) 设置"元素"，再输入 X、Y、Z 的比率值，并点击"隐藏/显示初始元素"。

(4) 单击"预览"按钮生成图形，单击"确定"按钮完成创建，如图 2-161 所示。

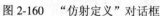

图 2-160 "仿射定义"对话框

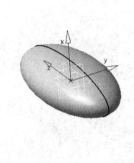
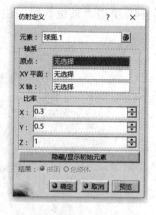

图 2-161 曲面的仿射

2.5.15 定位变换

定位变换命令可以将元素从一个坐标系变化到另外一个坐标系，同时会复制元素。

(1) 打开 CATIA 数字化设计"G:\光盘资料\第二章实例\34position.CATPart"。

(2) 单击 按钮，弹出图 2-162 所示的"'定位变换'定义"对话框。

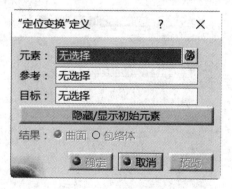

图 2-162 "'定位变换定义'"对话框

(3) 定位变换前的元素如图 2-163 所示。设置"元素"，"参考"为选"轴系.1"，"目标"选择"轴系.2"。

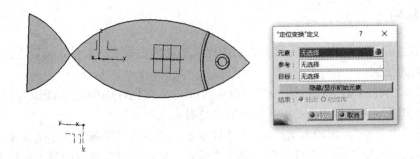

图 2-163　定位变换前的元素

(4) 单击"预览"按钮生成图形，单击"确定"按钮完成创建，如图 2-164 所示。

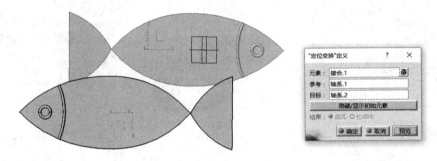

图 2-164　元素的定位变换效果

2.5.16　外插延伸

外插延伸命令可以将曲线/曲面沿着指定的参照元素延伸。

(1) 打开 CATIA 数字化设计"G:\光盘资料\第二章实例\35extend.CATPart"。

(2) 单击 按钮，弹出图 2-165 所示的"外插延伸定义"对话框。

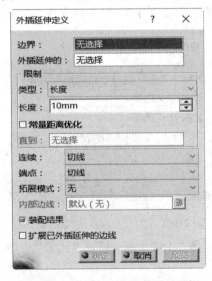

图 2-165　"外插延伸定义"对话框

(3) 设置"边界"为"平行.1\顶点.1","外插延伸的"为"平行.1",单击"预览"按钮,如图 2-166 所示。

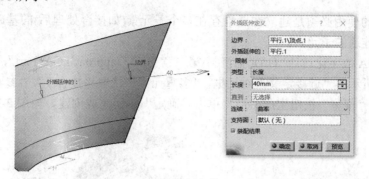

图 2-166 曲面的外插延伸——曲率连续

(4) 若选取"支持面",则外插延伸超过曲面的部分将会被删除,单击"预览"按钮,如图 2-167 所示。单击"确定"按钮完成创建。

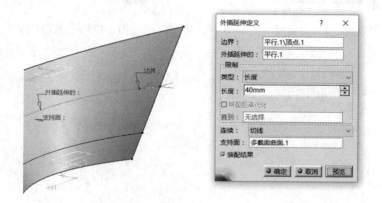

图 2-167 曲面的外插延伸——切线连续

2.5.17 反转方向

反转方向命令可改变曲面/曲线的方向。

打开 CATIA 数字化设计"G:\光盘资料\第二章实例\36evert.CATPart",单击 按钮,点取图形,曲线的法线方向发生改变(若是曲线,则其切线方向发生改变),如图 2-168 所示。

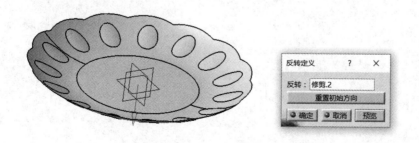

图 2-168 元素的反转方向

2.5.18　近接

近接命令的使用必须是建立在元素存在多个子元素(如接合处理后)的基础之上，可显示出元素中非连通的子元素。

打开 CATIA 数字化设计"G:\光盘资料\第二章实例\37approach.CATPart"，单击 按钮，弹出图 2-169 所示的"近接定义"对话框，"多重元素"选取"接合.7"，"参考元素"选取"点.2"，单击"预览"按钮生成图形，单击"确定"按钮完成创建，如图 2-170 所示。

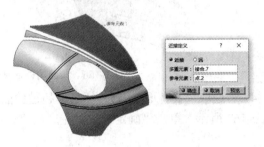

图 2-169　"近接定义"对话框　　　　　　　图 2-170　元素的近接

第三章

创成式外形设计实例

◇◇◇◇◇◇◇◇◇◇◇◇◇◇◇◇◇

3.1　六通管实例

单击"开始"→"形状"→"创成式外形设计",新建零件,将其命名为"liutongguan"。

(1) 创建点。单击 · 按钮,在"点类型"中选择"坐标",输入 Z 轴坐标 80 mm,如图 3-1 所示。

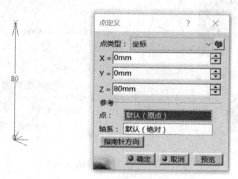

图 3-1　点的创建

(2) 创建圆柱面。单击 按钮,在"点"中选取"点.1","方向"选择"Z 部件",在"参数"中,输入"半径"为 25 mm、"长度 1"为 50 mm、"长度 2"为 0,单击"预览"按钮,再单击"确定"按钮,如图 3-2 所示。

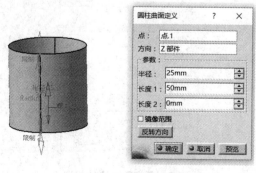

图 3-2　圆柱面的创建

(3) 旋转圆柱面。

① 单击 按钮，在"定义模式"中选择"轴线-角度"，"元素"选择"圆柱面.1"，"轴线"选择"X 轴"，"角度"选择"90deg"，单击"预览"按钮，再单击"确定"按钮，如图 3-3 所示。

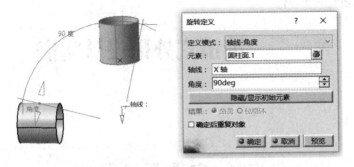

图 3-3　圆柱面的旋转.1

② 再次单击 按钮，在"定义模式"中选择"轴线-角度"，"元素"选择"圆柱面.1"，"轴线"选择"Y 轴"，"角度"选择"90deg"，单击"预览"按钮，再单击"确定"按钮，如图 3-4 所示。

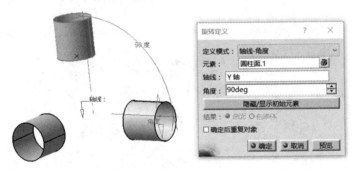

图 3-4　圆柱面的旋转.2

(4) 分割圆柱面。

① 单击 按钮，再单击 按钮，在"要切除的元素"中选取"圆柱面.1"和"旋转.1"，单击"关闭"按钮，如图 3-5 所示。弹出"定义分割"对话框后，在"切除元素"中选取"yz 平面"，单击"预览"按钮，再单击"确定"按钮，如图 3-6 所示。

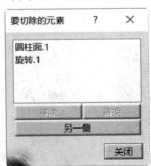

图 3-5　要切除元素的拾取.1

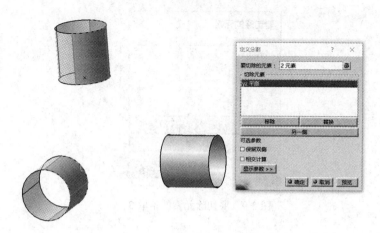

图 3-6　圆柱面的分割.1

② 单击 按钮，再单击 按钮，在"要切除的元素"中选取"分割.2"和"旋转.2"，单击"关闭"按钮，如图 3-7 所示。弹出"定义分割"对话框后，在"切除元素"中选取"xy 平面"，单击"预览"按钮，再单击"确定"按钮，如图 3-8 所示。

图 3-7　要切除元素的拾取.2

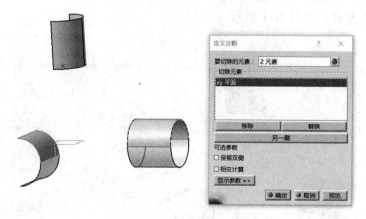

图 3-8　圆柱面的分割.2

③ 单击 按钮，再单击 按钮，在"要切除的元素"中选取"分割.1"和"分割.4"，单击"关闭"按钮，如图 3-9 所示。弹出"定义分割"对话框后，在"切除元素"中选取"zx 平面"，单击"预览"按钮，再单击"确定"按钮，如图 3-10 所示。

图 3-9　要切除元素的拾取.3

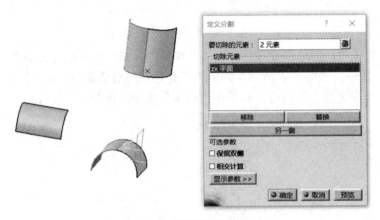

图 3-10　圆柱面的分割.3

(5) 创建连接曲线。

① 单击 按钮，在"连接类型"中选取"法线"，分别选取"第一曲线"和"第二曲线"的点和曲线，"连续"中均选择"相切"，"张度"值均输入 1.5，单击"预览"按钮，再单击"确定"按钮，如图 3-11 所示。

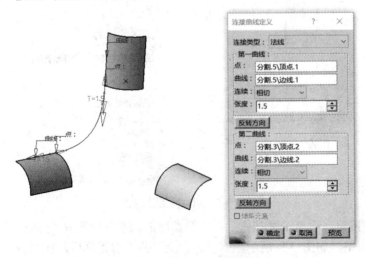

图 3-11　连接曲线的创建.1

② 以同样的方式建立另外两条连接曲线，生成的图形如图 3-12 所示。

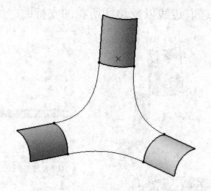

图 3-12　连接曲线的创建.2

(6) 拉伸连接曲线。

① 创建拉伸曲面作为辅助面。单击 按钮，在"轮廓"中选取"连接.1"，"方向"选取"X 部件"，"限制.1"中"尺寸"输入 20 mm，"限制.2"中输入 0，单击"预览"按钮，再单击"确定"按钮，如图 3-13 所示。

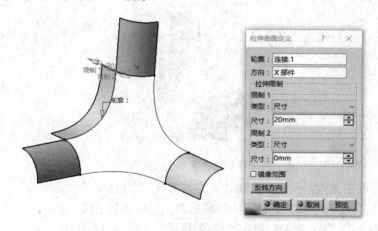

图 3-13　拉伸曲面的创建.1

② 以同样的方式创建另外两个拉伸曲面，如图 3-14 所示。

图 3-14　拉伸曲面的创建.2

(7) 填充。

① 单击 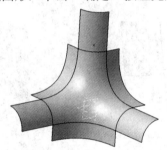 按钮，依次选取边线以及边线所在的支持面，如图 3-15 所示。

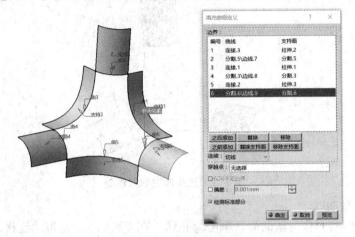

图 3-15　填充曲面的创建

② 单击"预览"按钮生成图形，单击"确定"按钮完成创建，如图 3-16 所示。

图 3-16　填充曲面的效果

(8) 隐藏不必要元素。按住 Ctrl 键，点取"点.1"、"拉伸.1"、"拉伸.2"、"拉伸.3"，此时三个曲面以高亮显示，单击 按钮，隐藏曲面，如图 3-17 所示；也可以点取曲面，右击鼠标，则图形区如图 3-18 所示，单击"隐藏/显示"，即可隐藏图形。

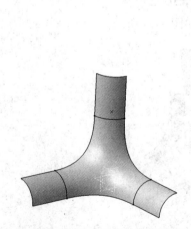

图 3-17　隐藏不必要元素后的效果图

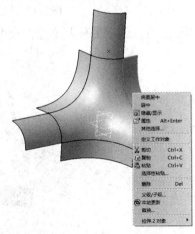

图 3-18　不必要元素的隐藏

(9) 接合曲面。单击 按钮，选取图形区曲面，单击"预览"按钮生成"接合.1"，再单击"确定"按钮，如图 3-19 所示。

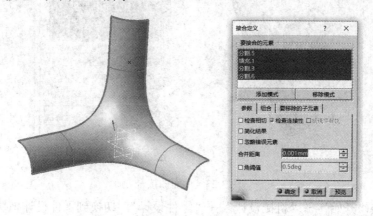

图 3-19　曲面的接合

(10) 旋转曲面。单击 按钮，在"定义模式"中选取"轴线-角度"，"元素"中选取"接合.1"，"轴线"选取"Z 轴"，"角度"选取"90deg"，并勾选"确定后重复对象"，单击"确定"按钮，弹出图 3-20 所示的"复制对象"对话框，在"实例"中输入 2，单击"确定"按钮，效果图如图 3-21 所示。

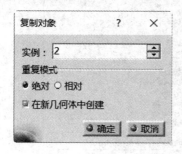

图 3-20　旋转对象的复制　　　　　图 3-21　曲面旋转的效果图

(11) 对称曲面。单击 按钮，在"元素"中框选"接合.1"、"旋转.3"、"旋转.4"和"旋转.5"共四个元素，"参考"中选择"xy 平面"，单击"预览"按钮，单击"确定"按钮，如图 3-22 所示。

图 3-22　曲面的对称

(12) 接合曲面。单击 按钮，选取图形区曲面，单击"预览"按钮生成接合.2，再单击"确定"按钮，如图 3-23 所示。

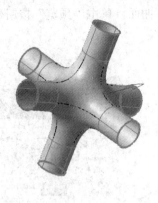
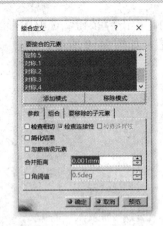

图 3-23　曲面的接合

(13) 单击"开始"→"机械设计"→"零件设计"，切换到零件设计模块，如图 3-24 所示。

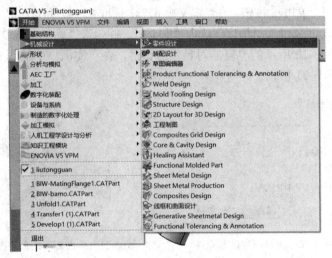

图 3-24　零件设计模块的进入

(14) 创建厚曲面。单击 按钮，"要偏移的对象"选取"接合.2"，在"第一偏移"中输入 3 mm，"第二偏移"中输入 0，单击"预览"按钮，如图 3-25 所示。

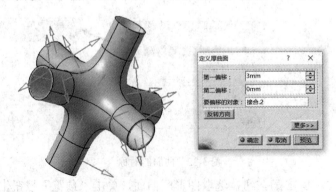

图 3-25　厚曲面的创建

(15) 同步骤(8)，隐藏"接合.2"。

(16) 单击 按钮，如图 3-26 所示，此时六通管创建完成。

图 3-26　六通管效果图

3.2　导风管实例

单击"开始"→"形状"→"创成式外形设计"，新建零件，将其命名为"daofengguan"。

(1) 进入草图。单击 按钮，点取 zx 平面，进入草图。

(2) 创建居中矩形。单击 按钮，将鼠标置于原点，并单击，拖动鼠标至一点，再单击，即可建立一矩形，如图 3-27 所示。

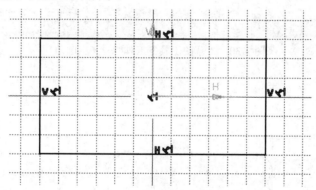

图 3-27　居中矩形的创建

(3) 约束矩形长宽。单击 按钮，再分别点取矩形的上下边，然后双击出现的数字，弹出图 3-28 所示的"约束定义"对话框，在"值"中输入 30 mm，单击"确定"按钮，此时约束上下边的距离为 30 mm。以同样的方法约束左右边的距离为 50 mm，如图 3-29 所示。

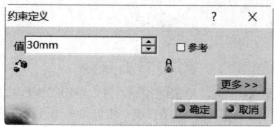

图 3-28　"约束定义"对话框

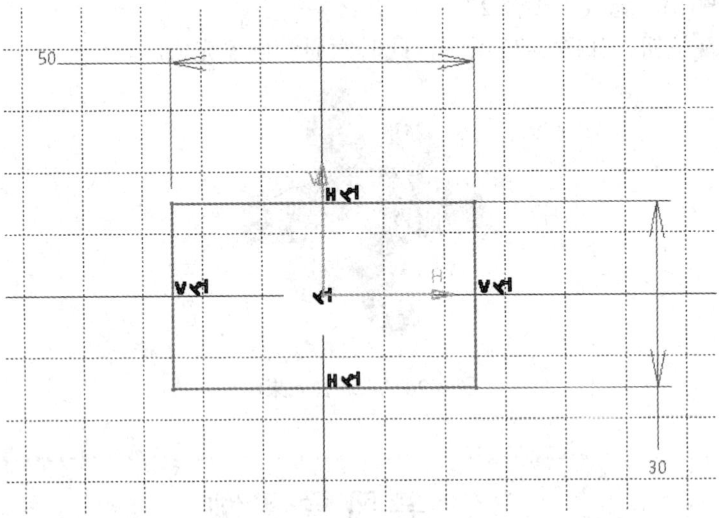

图 3-29　矩形长宽的约束

(4) 倒圆角。框选图形，单击按钮，弹出图 3-30 所示的“草图工具”工具栏，在“半径”中输入 5 mm，单击 Enter 键，圆角创建成功，如图 3-31 所示。单击按钮，退出草图工作模式。

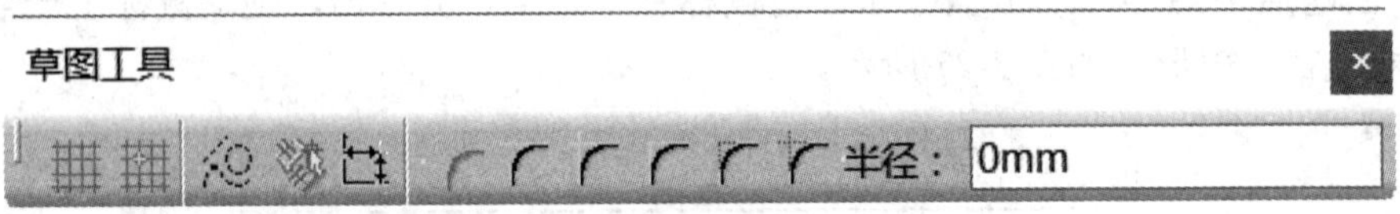

图 3-30　“草图工具”工具栏——倒圆角

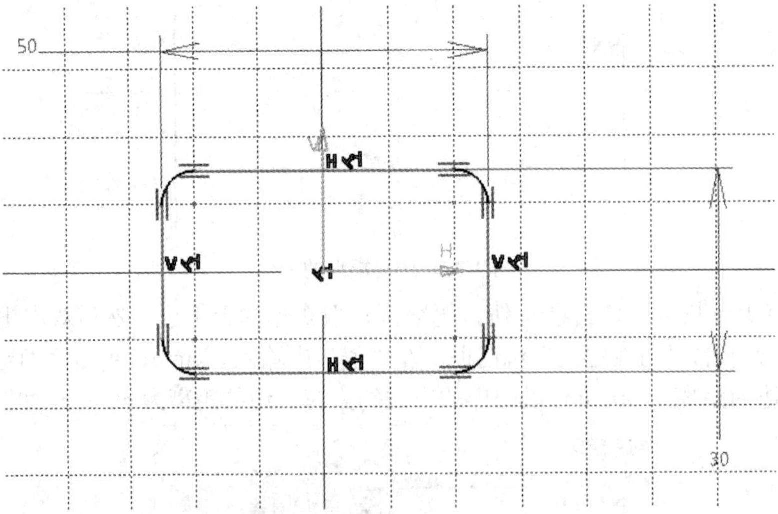

图 3-31　矩形的倒圆角

(5) 进入草图。点取 xy 平面，单击按钮，进入草图工作模式。

(6) 绘制轮廓线。单击按钮，创建直线—相切弧—切线，再次单击按钮，退出轮廓线绘制，如图 3-32 所示。

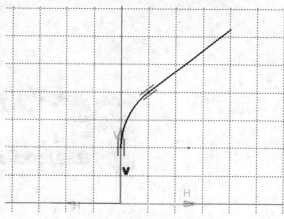

图 3-32　轮廓线的绘制

(7) 创建约束。双击🔲按钮，分别约束直线的长度、相切弧的半径、切线长度以及直线和切线的夹角，再单击🔲按钮，退出约束。分别双击草图区数据，约束直线长度为 40 mm，相切弧的半径为 120 mm，切线的长度为 50 mm，以及直线和切线的夹角为 120°，如图 3-33 所示。单击⛶按钮，退出草图工作模式。

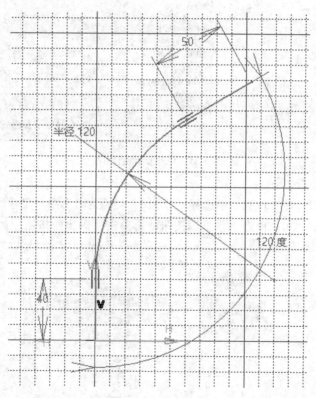

图 3-33　轮廓线的约束

(8) 创建平面。单击◢按钮，在"平面类型"中选择"曲线的法线"，"曲线"中选择"草图.2"，"点"中选择"草图.2\顶点"，单击"预览"按钮，再单击"确定"按钮，如图 3-34 所示。

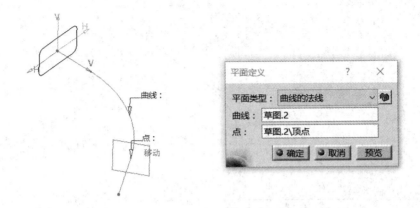

图 3-34　轮廓线上法平面的创建

(9) 创建圆。单击○按钮，在"圆类型"中选择"中心和半径"，"中心"选择"草图.2\顶点"，"支持面"选择"平面.1"，"半径"中输入 50 mm，单击⊙按钮，将"圆限制"选为全圆，单击"预览"按钮，再单击"确定"按钮，如图 3-35 所示。

图 3-35　法平面上创建圆

(10) 拉伸曲面。

① 单击按钮，在"轮廓"中选择"草图.1"，"限制 1"中"尺寸"输入 40 mm，"限制 2"中"尺寸"输入 0，单击"预览"按钮，再单击"确定"按钮，如图 3-36 所示。

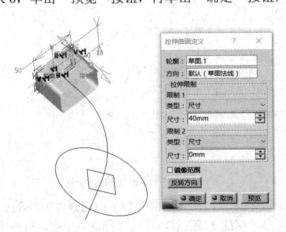

图 3-36　拉伸曲面的创建——矩形轮廓

② 单击 按钮，在"轮廓"中选择"圆.1"，"方向"中选择"草图.2\边线.1"，"限制1"中"尺寸"输入 50 mm，"限制 2"中"尺寸"输入 0，单击"反转方向"按钮，然后单击"预览"按钮，再单击"确定"按钮，如图 3-37 所示。

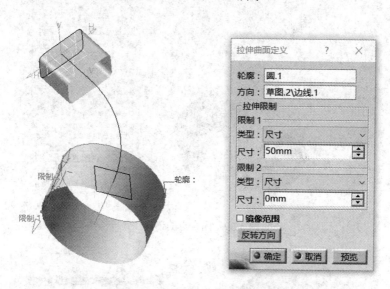

图 3-37 拉伸曲面的创建——圆轮廓

(11) 提取边界。单击 按钮，在"拓展类型"中选择"点连续"，"曲面边线"中选择"拉伸.1\边线.1"，单击"预览"按钮，再单击"确定"按钮，如图 3-38 所示。

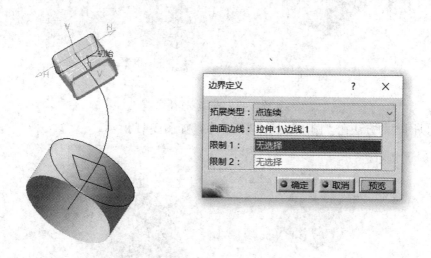

图 3-38 拉伸曲面的边界提取

(12) 创建闭合点。

① 单击 按钮，在"线型"中选择"曲线的角度/法线"，"曲线"选择"草图.2"，"点"选择"草图.2\顶点.3"，"角度"选择"90deg"，终点输入 60 mm，单击"预览"按钮，单击"确定"按钮，如图 3-39 所示。单击 按钮，在"第一元素"中选择"边界.1"，"第二元素"中选择"直线.1"，单击"预览"按钮，再单击"确定"按钮，如图 3-40 所示。

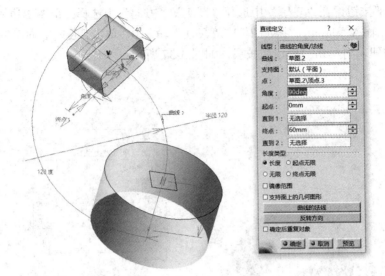

图 3-39　闭合点的创建.1

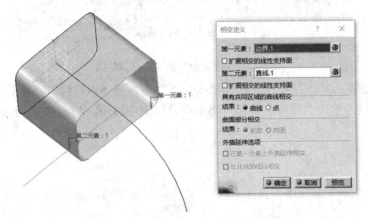

图 3-40　两直线的相交

② 以同样的方法在"圆.1"上创建闭合点，如图 3-41 所示。

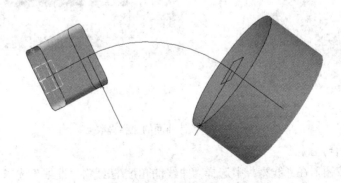

图 3-41　闭合点的创建.2

(13) 创建多截面曲面。单击 按钮，依次点取"边界.1"、"拉伸.1"、"相交.1"和"圆.1"、"拉伸.2"、"相交.2"，单击"预览"按钮，再单击"确定"按钮，如图 3-42 所示。

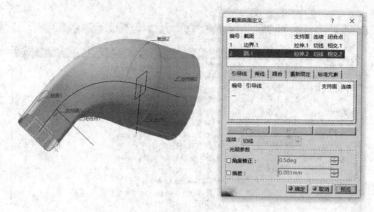

图 3-42　多截面曲面的创建

(14) 接合曲面。单击 ▣ 按钮，选取图形区曲面，单击"预览"按钮生成"接合.1"，再单击"确定"按钮，如图 3-43 所示。

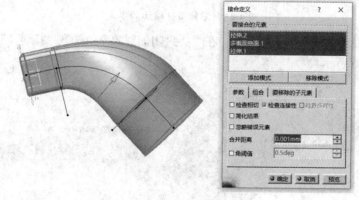

图 3-43　曲面的接合

(15) 隐藏不必要元素。框选图形区所有元素，单击 ▣ 按钮，在树状图中找到"接合.1"，右击鼠标，在弹出的对话框中选择"隐藏/显示"，效果如图 3-44 所示。

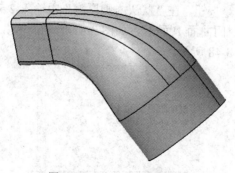

图 3-44　不必要元素的隐藏

(16) 单击"开始"→"机械设计"→"零件设计"，切换到零件设计模块，如图 3-45 所示。

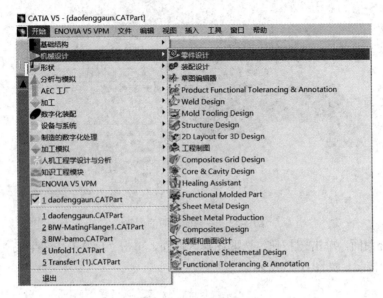

图 3-45　零件设计模块的进入

　　(17) 创建封闭曲面。单击 ◇ 按钮，在"要封闭的对象"中选取"接合.1"，单击"确定"按钮，如图 3-46 所示。

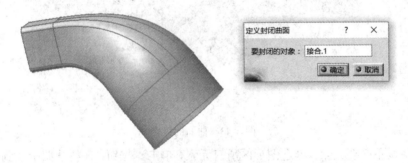

图 3-46　封闭曲面的创建

　　(18) 抽取盒体。单击 ⬦ 按钮，在"默认内侧厚度"中输入 2.5 mm，单击 ⬦ 按钮，选取"封闭曲面.1\面.1"和"封闭曲面.1\面.2"，如图 3-47 所示，单击"关闭"按钮，然后单击"确定"按钮，效果如图 3-48 所示。

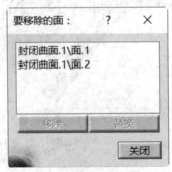

图 3-47　要移除面的拾取

图 3-48 封闭体的抽壳

(19) 同步骤(15)，隐藏"接合.1"。

(20) 单击 📖 按钮，如图 3-49 所示，此时导风管创建完成。

图 3-49 导风管的效果图

第四章

自由曲面设计模块

4.1　自由曲面设计模块功能介绍

　　用户可在菜单栏依次选择"开始"→"形状"→"FreeStyle"(自由曲面设计)命令,进入"FreeStyle"模块,如图 4-1 所示。

　　与"创成式外形设计"模块相比,"自由曲面设计"模块可以创建出更为复杂的曲面。在该模块中,用户可以快速且方便地创建曲线/曲面。此外,通过使用该模块提供的曲线/曲面分析工具,用户可以实时检查曲线/曲面的质量,确保所创建曲线/曲面的质量。

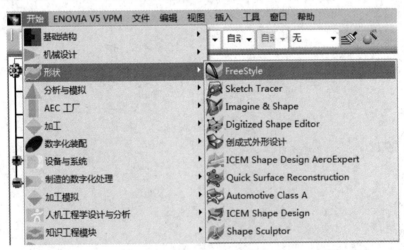

图 4-1　FreeStyle 模块的进入

　　自由曲面设计模块主要包括:

　　(1) Curve Creation(创建曲线):主要用于创建曲线。创建方法有空间曲线、曲面上的曲线、等参数曲线、投影曲线、桥接曲线、样式圆角以及匹配曲线等。其工具栏如图 4-2 所示。

　　(2) Surface Creation(创建曲面):主要用于创建曲面,且所创建的曲面不可以进行参数的编辑。创建方法有缀面、拉伸曲面、外插延伸、桥接曲面、样式圆角、填充、自由曲面填充、网状曲面和样式扫掠。其工具栏如图 4-3 所示。

图 4-2 "Curve Creation"(曲线创建)工具栏　　　图 4-3 "Surface Creation"(曲面创建)工具栏

(3) Operation(操作)：主要用于对曲面进行中断曲线或曲面、取消修剪、连接、分割和拆解等操作。其工具栏如图 4-4 所示。

(4) Shape Modification(形状修改)：主要用于修改曲面的形状。修改方法有对称、控制点、匹配曲面、外形拟合、全局变形和扩展等。其工具栏如图 4-5 所示。

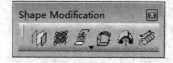

图 4-4 "Operation"(操作)工具栏　　　图 4-5 "Shape Modification"(形状修改)工具栏

(5) Shape Analysis(曲线/曲面分析)：用于分析和评估曲面的质量、找出曲面的缺陷位置，以便于曲面的修改和编辑。其工具栏如图 4-6 所示。

图 4-6 "Shape Analysis"(形状分析)工具栏

4.2 创 建 曲 线

4.2.1 3D 曲线

使用"3D 曲线"命令 ⌁ 可以通过空间内一系列的点创建出空间曲线。下面通过实例来说明创建 3D 曲线的过程。

(1) 打开文件 CATIA 数字化设计"G:\光盘资料\第四章实例\1throughpoints.CATPart"，如图 4-7 所示。

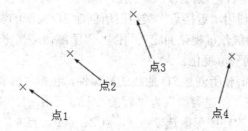

图 4-7 空间点

(2) 选择命令 ，系统弹出图 4-8 所示的"3D 曲线"对话框。

图 4-8   "3D 曲线"对话框   图 4-9   3D 曲线创建类型

(3) 定义类型。在"创建类型"下拉列表中选择"通过点"。

"创建类型"可用于设置创建 3D 曲线的类型，包括三个选项："通过点"、"控制点"和"近接点"，如图 4-9 所示。

- 通过点：创建出的 3D 曲线通过每个选定点。

- 控制点：所选择的点为 3D 曲线的控制点，可通过调整控制点的位置改变 3D 曲线的形状。

- 近接点：通过改变点与曲线之间的偏差和阶次创建 3D 曲线。

"点处理"可用于编辑 3D 曲线，包括三个按钮："插入点"、"删除点"和"释放或约束点"。

- 按钮：可在 3D 曲线上现有的两点之间添加新的点。

- 按钮：可移除 3D 曲线上现有的点。

- 按钮：可对现有的点添加约束或释放约束。

"禁用几何图形检测"：当选中此框时，用户所创建的 3D 曲线将被限定在当前优先平面上(不论拾取的通过点是否在该优先平面上)。

"选项"：用于设置使用"近接点"类型时所创建 3D 曲线的参数，包括"偏差"、"分割"、"最大阶次"和"隐藏预可视化曲线"。其中，"隐藏预可视化曲线"复选框被选中时，可以隐藏正在创建曲线的预可视化。

"光顺选项"：用于调整所创建 3D 曲线的光顺性，包括"弧长度"、"统一"和"光顺参数"。(注：此区域仅在"创建类型"为"近接点"时可用。)

(4) 选取参考点。依次在图形区选取点 1、点 2、点 3、点 4。

(5) 点击"确定"按钮，完成 3D 曲线的创建，如图 4-10 所示。

图 4-10　3D 曲线的创建——"通过点"方式

(6) 为改变上述已创建 3D 曲线的形状，可双击该 3D 曲线，点击"3D 曲线"弹出框中的"释放或约束点"按钮，再拾取 3D 曲线上的某一点(如点 3)，即可看到该点处出现交叉的两个双向箭头，如图 4-11 所示。拖动双向箭头即可调整该曲线的局部位置。若需精确定位该点，可右击该点，弹出如图 4-12 所示的快捷菜单，再点击"编辑"，在弹出的"调谐器"对话框(见图 4-13)中输入坐标值即可。此外，还可在快捷菜单(见图 4-12)中选择"强加切线"、"强加曲率"、"移除此点"和"约束此点"来改变 3D 曲线的形状。如选择"强加切线"后，在对应点上出现图 4-14 所示的切线矢量箭头和两个圆弧，通过拖动两个圆弧上的高亮处即可改变切线的方向，进而改变 3D 曲线的形状。

图 4-11　3D 曲线上释放约束点

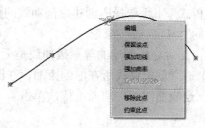

图 4-12　右键快捷菜单

图 4-13　"调谐器"对话框

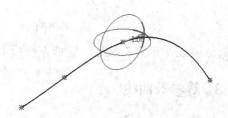

图 4-14　3D 曲线的调整——强加切线

4.2.2　曲面上创建曲线

使用"曲面上创建曲线"命令可在现有的曲面上创建空间曲线。下面通过实例说明在曲面上创建空间曲线的操作过程。

(1) 打开文件 CATIA 数字化设计"G:\光盘资料\第四章实例\2Isoparametric_curve.CATPart"，如图 4-15 所示。

(2) 选择命令，系统弹出图 4-16 所示的"选项"对话框。

图 4-15 曲面   图 4-16 "选项"对话框

(3) 定义类型。在"选项"对话框的"创建类型"下拉列表中选择"逐点"，在"模式"下拉列表中选择"通过点"。

"创建类型"用于选择所创建曲线的类型，包括"逐点"和"等参数"选项。

- 逐点：以在曲面上指定每一个点的方式创建曲线。
- 等参数：在曲面上指定一点来创建等参数曲线。

"模式"用于选择所创建空间曲线的模式，包括"通过点"、"近接点"和"用控制点"，其意义同"3D 曲线"命令。

注：此命令所创建的等参数曲线是无关联的。

(4) 选取创建曲线所在的约束面。在图形区选取图 4-15 所示的曲面为约束面。

(5) 绘制曲线。在曲面上依次单击若干点绘制曲线，如图 4-17 所示。

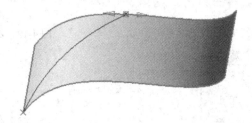

图 4-17 在曲面上创建曲线

(6) 单击"确定"按钮，完成在曲面上创建空间曲线的操作。

4.2.3 等参数曲线

使用"等参数曲线"命令可以创建与曲面相关联的等参数曲线。下面通过实例说明在曲面上创建关联的等参数曲线的操作过程。

(1) 打开文件 CATIA 数字化设计 "G:\光盘资料\第四章实例\2Isoparametric_curve.CATPart"，如图 4-15 所示。

(2) 选择命令，系统弹出"等参数曲线"对话框，如图 4-18 所示。

(3) 定义支持面。选取图 4-15 所示的曲面为支持面。

(4) 定义参考点。在该支持面的边线上拾取任意一点为参考点。

(5) 定义等参数曲线的方向。可采用系统默认的直线为等参数曲线的方向。

(6) 单击"确定"按钮，完成等参数曲线的创建，如图 4-19 所示。

图 4-18 "等参数曲线"对话框

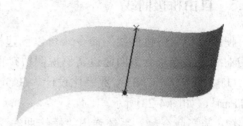

图 4-19 曲面上创建等参数曲线

4.2.4 曲线投影

使用"曲线投影"命令 可以创建投影曲线。下面通过实例说明在曲面上创建投影曲线的操作过程。

(1) 打开文件"CATIA 数字化设计 G:\光盘资料\第四章实例\3projection_curve.CATPart",如图 4-20 所示。

(2) 选择命令 ，系统弹出"投影"对话框，如图 4-21 所示。

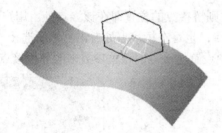

图 4-20 创建曲线投影

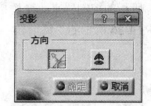

图 4-21 "投影"对话框

(3) 定义投影方向。在"投影"对话框中单击 按钮(系统默认此方向)。

- ：根据曲面的法线投影。
- ：根据指南针给出的方向投影。

(4) 定义投影曲线和投影面。选取图 4-20 所示的曲线为投影曲线，然后按住 Ctrl 键的同时选择曲面为投影面。

(5) 单击"确定"按钮，完成投影曲线的创建，如图 4-22 所示。

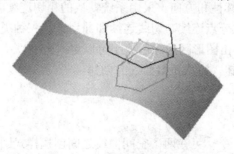

图 4-22 创建后的投影曲线

4.2.5   自由桥接曲线

使用"自由桥接曲线"命令 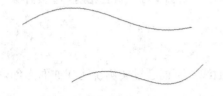 可以创建桥接曲线，即通过创建第三条曲线把两条不相连的曲线连接起来。下面通过实例说明桥接曲线的操作过程。

(1) 打开文件 CATIA 数字化设计"G:\光盘资料\第四章实例\4FreeStyle Blend Surface.CATPart"，如图 4-23 所示。

(2) 选择命令 ，系统弹出"桥接曲线"对话框，如图 4-24 所示。

<table>
<tr><td>图 4-23   创建桥接曲线</td><td>图 4-24   "桥接曲线"对话框</td></tr>
</table>

(3) 定义桥接曲线。依次选取图 4-23 所示的两条曲线，此时在图形区出现图 4-25 所示的两个桥接点的连续性和张度信息。

注：选择曲线的位置靠近某一个端点，则桥接点的位置即在该端点处。用户可通过拖动图 4-25 所示的控制器来改变桥接点的位置；也可在桥接点处右击，然后选择"编辑"，在弹出的图 4-26 所示的"调谐器"对话框中设置桥接点的相关参数来改变桥接点的位置。

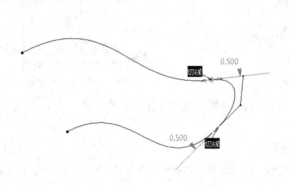

<table>
<tr><td>图 4-25   桥接曲线的创建</td><td>图 4-26   "调谐器"对话框</td></tr>
</table>

(4) 设置桥接点的连续性和方向。采用系统默认的相切连续。

注：桥接点的连续性分点连续、切线连续和曲率连续三种类型，点击"切线"黑框可切换连续性方式。通过右击图形区的绿色数字可以更改张度以及切线/曲率的方向。

(5) 单击"确定"按钮，完成桥接曲线的创建。

4.2.6   样式圆角

使用"样式圆角"命令 可在两条空间曲线之间创建样式圆角。下面通过实例来说明创建样式圆角的操作过程。

(1) 打开文件"CATIA 数字化设计 G:\光盘资料\第四章实例\4FreeStyle Blend Surface. CATPart",如图 4-23 所示。

(2) 选择命令 ，系统弹出"样式圆角"对话框，如图 4-27 所示。

(3) 定义样式圆角边。在图形区分别选取图中两条曲线为圆角的两条边线。

(4) 设置样式圆角的参数：半径为 40，选中"单个分割"复选框和"修剪"单选按钮。

- "半径"：用于定义样式圆角的半径值。
- "单个分割"：限定样式圆角的控制点数量，从而获得单一曲线。
- "修剪"：样式圆角在圆角起始点处对选择的曲线进行修剪。
- "不修剪"：样式圆角在圆角起始点处对选择的曲线不进行修剪。
- "连接"：样式圆角曲线复制并修改选择的曲线，且初始曲线与圆角线段相连。

(5) 单击"确定"按钮，完成样式圆角的创建，如图 4-28 所示。

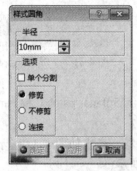
图 4-27 "样式圆角"对话框

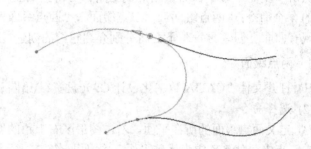
图 4-28 创建后的样式圆角曲线

4.2.7 匹配曲线

使用"匹配曲线"命令 可将一条曲线按照定义的连续性连接到另一条曲线上。下面通过实例说明创建曲线的操作过程。

(1) 打开文件"CATIA 数字化设计 G:\光盘资料\第四章实例\4FreeStyle Blend Surface. CATPart",如图 4-23 所示。

(2) 选择命令 ，系统弹出"匹配曲线"对话框，如图 4-29 所示。

(3) 定义初始曲线和匹配点。选择图 4-23 中任意一条曲线为初始曲线，在另一条曲线上选取一点作为匹配点，此时在图形区显示匹配曲线的预览曲线，如图 4-30 所示。

图 4-29 "匹配曲线"对话框

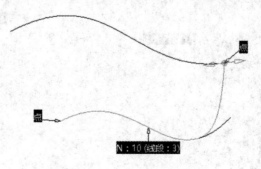
图 4-30 创建后的匹配曲线

• "投影终点"：用于将初始曲线的终点沿初始曲线匹配点的切线方向以直线最小距离投影到目标曲线上。

• "快速分析"：用于检验匹配点的质量，包括"距离"、"连续角度"和"曲率差异"。

(4) 单击"确定"按钮，完成匹配曲线的创建。

4.3 创建曲面

4.3.1 缀面

点击"缀面"命令 右下角的倒三角，可得到如图 4-31 所示的 4 个命令："两点缀面"、"三点缀面"、"四点缀面"和"在现有曲面上创建曲面"。下面将分别介绍它们的创建过程。

图 4-31   "缀面"工具栏

1. 两点缀面

(1) 打开文件"CATIA 数字化设计 G:\光盘资料\第四章实例\5planar patch.CATPart"。

(2) 选择命令 ▱。

(3) 定义两点缀面的所在平面。右击图形区右上角的罗盘 ♠，弹出如图 4-32 所示的快捷菜单，点击"使 XY 成为优先平面"(缀面即在 XY 平面上创建)。

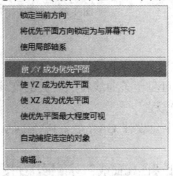

图 4-32   罗盘右键菜单

(4) 在图形区任取一点为起始点并右击鼠标，如图 4-33 所示。

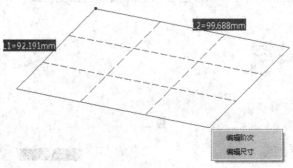

图 4-33   两点缀面的创建

（5）设置两点缀面的阶次。在图 4-33 所示的快捷菜单中选择"编辑阶次"命令，则会出现图 4-34 所示的"阶次"对话框，在"U"和"V"中均输入数值 5。单击"关闭"按钮，完成阶次的设置。

（6）设置两点缀面的尺寸。可以在图 4-33 所示的快捷菜单中选择"编辑尺寸"命令，则会出现图 4-35 所示的"尺寸"对话框，在该对话框中可以设置两点缀面的尺寸。

图 4-34　"阶次"对话框

（7）指定两点缀面的终止点，完成两点缀面的创建，如图 4-36 所示。

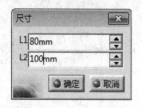

图 4-35　"尺寸"对话框

图 4-36　创建后的两点缀面

注：三点缀面、四点缀面即选取三或四个点(四点缀面需选取指定的四个点)，这里不再赘述。

2．在现有曲面上创建面

使用"在现有曲面上创建面"命令🖼可以在现有的曲面上创建新的曲面。下面通过实例说明在现有曲面上创建曲面的操作过程。

（1）打开文件 CATIA 数字化设计"G:\光盘资料\第四章实例\5planar patch.CATPart"，如图 4-37 所示。

图 4-37　现有曲面

（2）选择命令🖼。

（3）选择现有曲面(如图 4-37 所示的曲面)。

（4）选择起始点和终止点，如图 4-38 所示。

图 4-38　现有曲面上创建的面

4.3.2 拉伸曲面

使用"拉伸曲面"命令 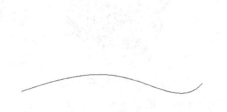 通过现有的曲线创建拉伸曲面。下面通过实例说明创建拉伸曲线的操作过程。

(1) 打开文件 CATIA 数字化设计"G:\光盘资料\第四章实例\6Rotate_Offset.CATPart",如图 4-39 所示。

(2) 选择命令 ，系统弹出"拉伸曲面"对话框，如图 4-40 所示。

图 4-39   现有曲线   图 4-40   "拉伸曲面"对话框

(3) 定义拉伸类型和长度。在对话框中单击 按钮；在"长度"文本框中输入数值 100。

- 曲线的法线 ：拉伸方向为所选择曲线的法线方向。
- 指南针方向 ：拉伸方向为指南针方向(即优先平面的法线方向)。

(4) 定义拉伸曲线。在图形区选取已存在的曲线为拉伸曲线，如图 4-41 所示。

(5) 单击"确定"按钮，完成拉伸曲面的创建，如图 4-42 所示。

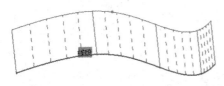

图 4-41   拉伸曲面的创建   图 4-42   创建后的拉伸曲面

4.3.3 外插延伸

使用"外插延伸"命令  可以将曲线或曲面沿着与原始曲线或曲面的相切方向延伸。下面通过实例说明创建外插延伸曲面的操作过程。

(1) 打开文件 CATIA 数字化设计"G:\光盘资料\第四章实例\6Rotate_Offset.CATPart"，如图 4-42 所示。

(2) 选择命令 ，系统弹出"外插延伸"对话框，如图 4-43 所示。

(3) 定义外插延伸曲面的长度值。在对话框的"长度"文本框中输入数值 20。

(4) 定义外插延伸曲面的延伸类型。在对话框的"类型"区域选中"切线"。

图 4-43   "外插延伸"对话框

- 切线：用于按照指定元素处的切线方向延伸。
- 曲率：用于按照指定元素处的曲率方向延伸。
- 精确：当选中此复选框时，外插延伸使用精确的延伸方式；反之，则使用粗糙的延伸方式。

(5) 定义延伸边线。在图形区选取图 4-42 所示的任意一边线为延伸边线，如图 4-44 所示。

(6) 单击"确定"按钮，完成外插延伸的创建，如图 4-45 所示。

图 4-44　创建中的曲面外插延伸

图 4-45　创建后的曲面外插延伸

4.3.4　桥接曲面

使用"桥接曲面"命令 可以在两个不相交的已知曲面间创建桥接曲面。下面通过实例说明创建桥接曲线的操作过程。

(1) 打开文件 CATIA 数字化设计"G:\光盘资料\第四章实例\7Bridge.CATPart"，如图 4-46 所示。

(2) 选择命令 ，系统弹出"桥接曲面"对话框，如图 4-47 所示。

图 4-46　桥接前的曲面

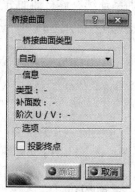

图 4-47　"桥接曲面"对话框

(3) 定义桥接类型。在"桥接曲面类型"下拉列表中选择"自动"选项。

"桥接曲面类型"：用于选择桥接曲面的桥接类型，包括"分析"、"近似"和"自动"。

- 分析：当选取的桥接曲面边缘为等参数曲线时，系统将根据选取的曲面的控制点创建精确的桥接曲面。
- 近似：系统将根据初始曲面的近似值创建桥接曲面。
- 自动：该选项是最优的计算模式，系统将使用"分析"方式创建桥接曲面，如果不能创建桥接曲面，则使用"近似"方式创建桥接曲面。

"信息"区域：用于显示桥接曲面的相关信息，包括"类型"、"补面数"和"阶数"等相关信息的显示。

"投影终点"：选中时，系统将选取较小边缘的终点投影到与之桥接的边缘。

(4) 定义桥接曲面的桥接边缘。选取图 4-46 所示的相邻两边，系统会自动预览桥接曲面，如图 4-48 所示。

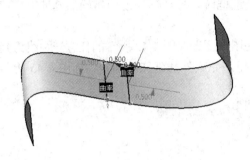

图 4-48　桥接曲面的预览效果

(5) 设置桥接边缘的连续性。可采用系统默认的"曲率连续"。

右击"曲率"会出现图 4-49 所示的快捷菜单，可供选择的连续性有"点连续"、"切线连续"、"比例"和"曲率连续"。

- 点连续：连接曲面分享它们公共边上的每一点，其间没有间隙。
- 切线连续：连接曲面分享连接线上每一点的切平面。
- 比例：与切线连续性相似，也是分享在连接线上每一点的切平面，但是从一点到另一点的纵向变化是平稳的。
- 曲率连续：连接曲面分享连接线上每一点的曲率和切平面。

(6) 单击"确定"按钮，完成桥接曲面的创建，如图 4-50 所示。

图 4-49　连续性右键菜单

图 4-50　创建后的桥接曲面

4.3.5　样式圆角

使用"样式圆角"命令 🢭 可以在两个相交的曲面间创建圆角。下面通过实例说明创建圆角曲面的操作过程。

(1) 打开文件 CATIA 数字化设计 "G:\光盘资料\第四章实例\8Styling R.CATPart"，如图 4-51 所示。

(2) 选择命令 🢭，系统弹出"样式圆角"对话框，如图 4-52 所示。

(3) 依次选取两曲面为支持面 1、支持面 2，并在弹出框中修改半径为 100 mm。

"连续"：用于选择连续性的类型，包括"G0"、"G1"、"G2"和"G3"四个按钮。

- G0：圆角后的曲面与源曲面保持位置连续。
- G1：圆角后的曲面与源曲面保持相切连续。
- G2：圆角后的曲面与源曲面保持曲率连续。

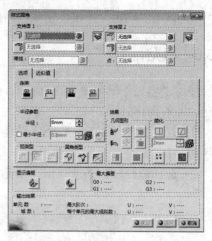

图 4-51 用于创建圆角的两个曲面　　　　　图 4-52 "样式圆角"对话框

"弧类型"：用于选择圆弧的类型，包括"桥接"、"近似值"和"精确"。此选项仅当"G1"连续时可用。

• 桥接 ：用于在迹线间创建桥接曲面。

• 近似值 ：用于创建近似于圆弧的贝塞尔曲线曲面。

• 精确 ：用于使用圆弧创建有理曲面。

"半径参数"：用于设置圆角半径参数，包括"半径"和"最小半径"。

• 半径：用于定义圆角的半径。

• 最小半径：用于设置最小圆角的相关参数。

"圆角类型"：用于设置圆角的类型，包括"可变半径"、"弧圆角"和"最小真值"三种类型。

• 可变半径 ：用于设置使用的半径。

• 弧圆角 ：用于设置使用弦因长度的穿越部分取代半径来定义圆角面。

• 最小真值 ：用于设置的最小半径受到系统依靠"G2"或"G3"连续计算出来的迹线约束，仅当连续类型为"G2"和"G3"时可用。

(4) 当"修剪支持面" 被选中时，可修剪相应的源支持面，其效果如图 4-53 所示。

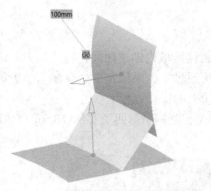
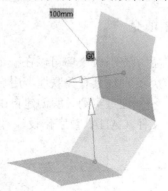

(a) 不修剪支持面　　　　　　　　　(b) 修剪支持面

图 4-53 G0 连续的样式圆角

(5) 单击"确定"按钮，完成圆角的创建。

4.3.6 填充

使用"填充" 命令可在选择的封闭轮廓曲线内创建曲面。下面通过实例，说明创建填充曲面的操作过程。

(1) 打开文件 CATIA 数字化设计"G:\光盘资料\第四章实例\9Bridge.CATPart"，如图 4-54 所示。

(2) 选择命令 ，系统弹出"填充"对话框，如图 4-55 所示。

图 4-54　用于填充的曲面 　　　　　　　　图 4-55　"填充"对话框

- 曲面方向的法线 ：根据曲面的法线填充。
- 指南针方向 ：沿着指南针给出的方向填充。

(3) 定义填充区域。如图 4-54 所示，填充曲面中从左至右的第一个空缺。依次选取图 4-54 中左侧孔洞的相邻边线，直至构成封闭轮廓，如图 4-56 所示。

图 4-56　填充曲面的创建

注：填充边线总数为奇数时会出现相交点，为偶数时则不会出现相交点。

(4) 定义相交点坐标。先右击相交点，再单击"编辑"后弹出"调谐器"对话框，可更改相交点的坐标位置。

(5) 单击"确定"按钮，完成填充曲面的创建。

4.3.7 自由填充

使用"自由填充"命令 可以在一个封闭区域内创建曲面，与"填充"命令的不同之处在于前者的填充曲面具有关联性。用户可通过单击"填充"命令 右下方的倒三角按钮找到该命令。下面通过实例说明创建自由填充的操作过程。

(1) 打开文件 CATIA 数字化设计"G:\光盘资料\第四章实例\9Bridge.CATPart"，如图 4-57 所示。

图 4-57　用于自由填充的曲面

(2) 选择命令 ，系统弹出"自由填充"对话框，如图
4-58 所示。

(3) 定义填充曲面的创建类型。在"填充类型"下拉列
表中选择"自动"。

"填充类型"：可选择填充曲面的创建类型，包括"分
析"、"进阶"和"自动"。

• 分析：用于根据选定的填充元素数目创建一个或多个
填充曲面。

• 进阶：用于创建一个填充曲面。

图 4-58　"自由填充"对话框

• 自动：该选项是最优的计算模式。系统将使用"分析"
方式创建填充曲面，如果不能创建填充曲面，则使用"进阶"方式创建填充曲面。

"信息"：用于显示桥接曲面的相关信息，包括"类型"、"补面数"和"阶次"等相关
信息的显示。

(4) 定义填充范围。依次选取图 4-57 中右侧空缺处四条边线为填充范围。

(5) 单击"确定"按钮，完成自由填充曲面的创建，如图 4-59 所示。

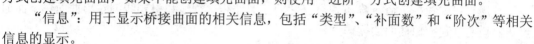

图 4-59　创建后的自由填充曲面

4.3.8　网状曲面

使用"网状曲面"命令  可以通过已知的网状曲线创建曲面。下面通过实例说明创建
网状曲面的操作过程。

(1) 打开文件 CATIA 数字化设计 "G:\光盘资料\第四章实例\10Net Surface.CATPart"，
如图 4-60 所示。

(2) 选择命令 ，系统弹出"网状曲面"对话框，如图 4-61 所示。

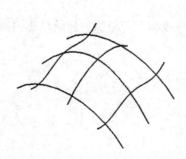

图 4-60　用于创建网状曲面的曲线

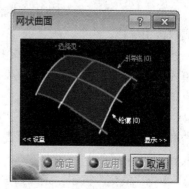

图 4-61　"网状曲面"对话框

(3) 定义引导线。单击"网状曲面"对话框中的"引导线"字样，使其高亮显示，然后按住 Ctrl 键在图形区选取如图 4-61 所示三条曲线为引导线。

(4) 定义轮廓。单击"网状曲面"对话框中的"轮廓"字样，使其高亮显示，然后按住 Ctrl 键在图形区选取如图 4-61 所示三条曲线为轮廓。

(5) 单击"确定"按钮，完成网状曲面的创建，如图 4-62 所示。

图 4-62   创建后的网状曲面

4.3.9   样式扫掠

使用"样式扫掠"命令 ⬙ 可通过已知的轮廓曲线、脊线和引导线创建出曲面。下面通过实例说明创建扫掠曲面的操作过程。

(1) 打开文件 CATIA 数字化设计"G:\光盘资料\第四章实例\11saolve.CATPart"，如图 4-63 所示。

(2) 选择命令 ⬙，系统弹出"样式扫掠"对话框，如图 4-64 所示。

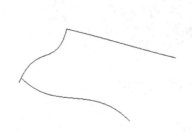

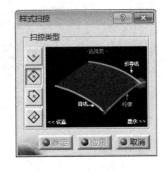

图 4-63   用于创建样式扫掠的三条曲线   图 4-64   "样式扫掠"对话框

(3) 定义扫掠类型。在"样式扫掠"对话框中，单击"扫掠和捕捉"按钮 ◇。

• 简单扫掠 ⌄：通过使用轮廓线和脊线创建简单扫掠曲面。

• 扫掠和捕捉 ◇：通过使用轮廓线、脊线和引导线创建扫掠曲面。在此模式中，轮廓未变形且仅在引导线上才捕捉。

• 扫掠和拟合 ◇：通过使用轮廓线、脊线和引导线创建扫掠曲面。在此模式中，轮廓线变成拟合引导线。

• 近接轮廓扫掠 ◇：通过使用轮廓线、脊线、引导线和参考轮廓创建近轮廓扫掠曲面。在此模式中，轮廓线变成拟合引导线，并确保在引导线接触点处参考轮廓的 G1 连续。

(4) 定义轮廓/脊线/引导线。在"样式扫掠"对话框中，选取"轮廓"、"脊线"、"引导线"字样，并在图形区选取相应的曲线。

(5) 单击"确定"按钮，完成扫掠曲面的创建，如图 4-65 所示。

图 4-65   创建后的样式扫掠曲面

4.4 操 作

4.4.1 中断曲面或曲线

使用"中断曲面或曲线"命令 ![icon] 可以中断已知曲面或曲线，从而达到修剪的效果。下面通过实例说明中断过程。

(1) 打开文件 CATIA 数字化设计"G:\光盘资料\第四章实例\12break.CATPart"，如图4-66 所示。

(2) 选择命令 ![icon]，系统弹出"断开"对话框，如图 4-67 所示。

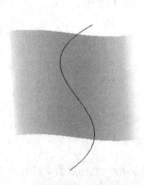

图 4-66 用于中断操作的曲面和曲线　　　　　图 4-67 "断开"对话框

(3) 定义中断类型。在对话框中单击 ![icon] 按钮。

"中断类型"：用于定义中断的类型，包括"中断曲线"和"中断曲面"。

- 中断曲线 ![icon] 按钮：通过一个或多个点、曲线、曲面来中断一条或多条曲线。
- 中断曲面 ![icon] 按钮：通过一条或多条曲线、曲面来中断一个或多个曲面。

"选择"：用于定义要切除和限制的元素，包括"元素"和"限制"输入框，以及"中断两者"等按钮。

- "元素"输入框：在图形区选择要切除的元素。
- "限制"输入框：在图形区选择要切除的元素的限制元素。
- 中断两者 ![icon]：用于同时中断元素和限制元素。

"修剪类型"：用于设置修剪后控制点网格的类型，包括"修剪面"和"修剪曲面"。

- 修剪面 ![icon] 按钮：用于设置保留原始元素上的控制点网格。
- 修剪曲面 ![icon] 按钮：用于设置按 U/V 方向输入缩短控制点网格。

(4) 定义要中断的曲面。

(5) 定义限制元素。在图形区选取曲线为限制元素。

"阶次"：用于定义阶数的相关参数，包括"保留阶次"、"U"和"V"输入框。

"投影"：用于设置投影的类型，包括"沿指南针"、"沿法线"和"沿查看方向"。当限制元素不在要切除的元素上时，可以用此区域中的命令进行投影。

- 沿指南针 ≋ 按钮：用于沿指南针方向投影。
- 沿法线 ⋎ 按钮：用于沿法线方向投影。
- 沿查看方向 ◂▸ 按钮：用于沿用户的视角投影。

"外插延伸"：用于设置外插延伸的类型，包括"切线外插延伸"、"曲率外插延伸"、"ISOU 外插延伸"和"ISOV 外插延伸"。当限制元素没有贯穿要切除的元素时，可以用此区域中的命令进行延伸。

- 切线外插延伸 ↻ 按钮：用于沿切线方向外插延伸。
- 曲率外插延伸 ↻ 按钮：用于沿曲率方向外插延伸。
- ISOU 外插延伸 ↻ 按钮：用于沿标准方向 U 外插延伸。
- ISOV 外插延伸 ↜ 按钮：用于沿标准方向 V 外插延伸。

(6) 单击"应用"，此时在图形区显示曲面已被中断，如图 4-68 所示。

(7) 定义保留部分。在图形区中拾取要被保留的区域(高亮显示部分)。

(8) 单击"确定"按钮，完成中断曲面的创建，如图 4-69 所示。

图 4-68　中断曲面保留部分的拾取

图 4-69　创建后的中断曲面

4.4.2　取消修剪

使用"取消修剪"命令 ❀ 可以取消以前对曲面或曲线所创建的修剪操作，从而使其恢复修剪前的状态。下面通过实例说明取消修剪的操作过程。

(1) 打开文件 CATIA 数字化设计"G:\光盘资料\第四章实例\12break.CATPart"，如图 4-69 所示。

(2) 选择命令 ❀，系统弹出"取消修剪"对话框，如图 4-70 所示。

(3) 定义取消修剪对象。在图形区选取曲面 1。

(4) 单击"确定"按钮，完成取消修剪的创建，如图 4-71 所示。

图 4-70　"取消修剪"对话框

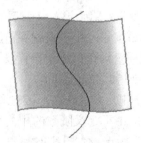
图 4-71　取消修剪后的曲面

4.4.3　连接

使用"连接"命令 ⬚ 可将已知的两个曲面或曲线连接在一起，从而使它们成为一个曲面或曲线。下面通过实例说明连接的操作过程。

(1) 打开文件 CATIA 数字化设计 "G:\光盘资料\第四章实例\13Concatenate.CATPart"，如图 4-72 所示。

(2) 选择命令 ⬚，系统弹出"连接"对话框，如图 4-73 所示。

图 4-72　用于连接操作的两个曲面　　　　　图 4-73　"连接"对话框

(3) 定义连接公差值。在 ⬚ 右侧的输入框中输入数值 20。

- "设置连接公差值" ⬚：用于设置连接公差值。
- "信息"：用于显示偏差值、序号和线段数。
- "自动更新公差"：如果用户设置的公差值过小，系统会自动更新公差。

(4) 定义连接对象。按住 Ctrl 键，在图形区选取曲面 1 和曲面 2。

(5) 单击"应用"按钮，如图 4-74 所示，然后单击"确定"按钮，完成连接曲面的编辑，如图 4-75 所示。

图 4-74　两曲面连接的预览　　　　　　　图 4-75　连接处理后的曲面

4.4.4　分段

使用"分段"命令 ⬚，可将一个已知的多弧曲线或曲面沿 U/V 方向分割成若干个单弧几何体。下面通过实例说明分段的操作过程。

(1) 打开文件 CATIA 数字化设计 "G:\光盘资料\第四章实例\14Fragmentation.CATPart"，如图 4-76 所示。

图 4-76　用于分段操作的曲面

(2) 选择命令▨，系统弹出"分段"对话框，如图 4-77 所示。

(3) 定义分段类型。在"类型"区域中选中"U 方向"。

• "U 方向"：用于设置在 U 方向上的分段元素。

• "V 方向"：用于设置在 V 方向上的分段元素。

• "UV 方向"：用于设置在 U 方向上和 V 方向上的分段元素。

(4) 定义分割对象。在图形区选取曲面为分段对象。

(5) 单击"确定"按钮，完成分段曲面的创建，如图 4-78 所示。

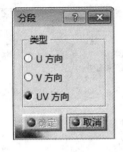

图 4-77　"分段"对话框

图 4-78　分段后的曲面

4.4.5　拆解

使用"拆解"命令▨可以将一个统一的整体或者已接合的整体变为若干部分。该命令的使用方法与"创成式外形设计"模块中的"拆解"命令相同。

4.4.6　转换器向导

使用"转换器向导"命令▨，可将有参曲线或曲面转换为 NURBS(非均匀多项式 B 样条线)曲线或曲面，并修改所有曲线或曲面上的弧数量。下面通过实例说明创建近似/分段过程曲线的操作。

(1) 打开文件 CATIA 数字化设计"G:\光盘资料\第四章实例\15Approximate1.CATPart"，如图 4-79 所示。

(2) 选择命令▨，系统弹出"转换器向导"对话框，如图 4-80 所示。

图 4-79　用于转换的曲面

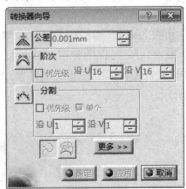

图 4-80　"转换器向导"对话框

(3) 定义转换对象。

(4) 设置转换参数。在"转换器向导"对话框中单击🔼按钮，在"阶次"区域的"沿 U"文本框中输入数值 6，在"沿 V"文本框中输入数值 6。

"设置转换公差值"📐：设置转换公差值。当此按钮被按下时，"公差"文本框被激活，用户可以设置初始曲线的公差。

"定义最大阶次值"🔼：定义最大阶次控制曲线或者曲面的值。当此按钮被按下时，"阶次"区域被激活，用户可设置最大阶数的相关参数，包括"优先级"、"沿 U"和"沿 V"等。

"优先级"复选框：用于指示阶数参数的优先级。

"沿 U"文本框：用于定义 U 方向上的最大阶数。

"沿 V"文本框：用于定义 V 方向上的最大阶数。

"定义最大线段数"〜：定义最大段数控制的曲线或者曲面。当此按钮被按下时，"分割"区域被激活。

"优先级"复选框：用于指示分段参数的优先级。

"单个"复选框：用于设置创建单一线段曲线。

"沿 U"文本框：用于定义 U 方向上的最大段数。

"沿 V"文本框：用于定义 V 方向上的最大段数。

"3D 转换"〜：将曲面上的曲线转换为 3D 曲线

"2D 转换"〜：保留曲面上的 2D 曲线

(5) 单击"应用"按钮，显示曲面转换效果如图 4-81 所示。再单击"确定"按钮，完成曲面的转换。

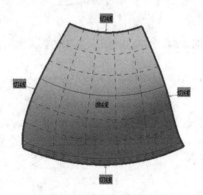

图 4-81　曲面转换的预览效果

4.4.7　复制几何参数

使用"复制几何参数"命令🔼可在一条或多条曲线上复制曲线的几何参数。下面通过实例，说明复制几何参数的操作过程。

(1) 打开文件 CATIA 数字化设计"G:\光盘资料\第四章实例\16Copy Geometric Parameters. CATPart"，如图 4-82 所示。

(2) 选择🔼命令，系统弹出"复制几何参数"对话框，如图 4-83 所示。

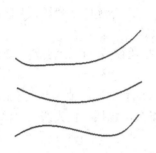

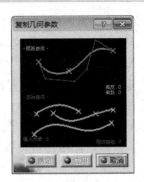

图 4-82　用于复制几何参数的曲线　　　　图 4-83　"复制几何参数"对话框

(3) 激活"工具仪表盘"工具条上的"隐秘显示"▦按钮。

(4) 选择第一条曲面为模板曲线。

(5) 按住 Ctrl，选择另外两条为目标曲线。

(6) 单击"应用"按钮，显示如图 4-84 所示的预览效果。单击"确定"按钮，完成复制几何参数的创建。

图 4-84　曲线复制几何参数的效果预览

4.5　形 状 修 改

4.5.1　对称

"对称"命令⬚可以对已知元素相对于一个中心元素进行对称复制。该命令的使用方法与"创成式外形设计"模块中的"对称"命令相同。

4.5.2　控制点

使用"控制点"命令▦可以对已知曲线或者曲面上的控制点进行调整，从而使其变形。下面通过实例说明控制点调整的操作过程。

(1) 打开文件 CATIA 数字化设计"G:\光盘资料\第四章实例\17control point.CATPart"，如图所 4-85 示。

(2) 选择命令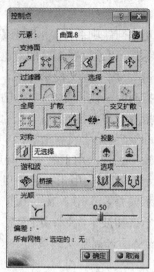，系统弹出"控制点"对话框，如图 4-86 所示。

图 4-85　用于控制点操作的曲面

图 4-86　"控制点"对话框

(3) 在图形区中拾取需要改变形状的曲面。

(4) 支持面选局部法线按钮 ✕，调整 V 向的网格线与曲面间的距离。

"支持面"：用于设置平移控制点的方式，包括"垂直于指南针"、"网格线"、"局部法线"、"指南针平面"、"局部切线"和"屏幕平面"。

- 垂直于指南针 ✕：单击此按钮，则沿指南针法线平移控制点。
- 网格线 ✕：单击此按钮，则沿网格线平移控制点。
- 局部法线 ✕：单击此按钮，则沿元素的局部法线平移控制点。
- 指南针平面 ✕：单击此按钮，则在指南针主平面中平移控制点。
- 局部切线 ✕：单击此按钮，则沿元素的局部切线平移控制点。
- 屏幕平面 ✕：单击此按钮，则在屏幕平面中平移控制点。

"过滤器"：用于设置过滤器的过滤类型，包括"仅限点"、"仅限网格"和"点和网格"。

- 仅限点 ✕：单击此按钮，则仅对点进行操作。
- 仅限网格 ✕：单击此按钮，则仅对网格进行操作。
- 点和网格 ✕：单击此按钮，则允许同时对点和网格进行操作。

"选择"：用于选择或取消选择控制点，包括"选择所有点"和"取消选择所有点"。

- 选择所有点 ✕：用于选择网格的所有控制点。
- 取消选择所有点 ✕：用于取消选择网格的所有控制点。

"扩散"：用于设置扩散的方式，包括"常量法则曲线"和"线性法则曲线"。

- 常量法则曲线 ✕：用于设置以同一个方式将变形拓展至所有选定的点(常量法则曲线)。
- 线性法则曲线 ✕：用于设置以指定方式将变形拓展至所有选定的点。

"交叉扩散"：用于设置交叉扩散的方式，包括"交叉常量法则曲线"和"交叉线性法则曲线"。

• 交叉常量法则曲线[-]: 用于设置以同一个方式将变形拓展至另一网格线上的所有选定点。

• 交叉线性法则曲线[\]: 用于设置以指定方式将变形拓展至另一网格线上的所有选定。

"对称": 通过设置指定的对称平面进行网格对称计算。

"投影": 用于定义投影方式, 包括"沿指南针法线投影"和"在指南针平面投影"。

• 沿指南针法线投影🏵: 单击此按钮, 按指南针法线对一些控制点进行投影。

• 在指南针平面投影🏵: 单击此按钮, 按指南针平面对一些控制点进行投影。

"谐和波": 用于设置谐和波的相关选项。

"选项"区域: 用于显示控制点信息, 包括显示衍射、显示偏差和显示谐和波平面。

• 显示衍射🐾: 用于在控制点位置显示箭头、以示局部法线并推导变形。

• 显示偏差⛰: 用于显示当前几何图形和它以前的版本的最大偏差。

• 显示谐和波平面🐾: 用于显示谐和波平面。

(5) 支持面选局部法线按钮✂, 沿曲面的法线方向调整控制点。

(6) 支持面选局部切线按钮✍, 沿曲面的切线方向调整控制点。

(7) 单击"确定"按钮, 完成曲面控制点的调整, 如图4-87 所示。

图 4-87 调整控制点后的曲面

4.5.3 匹配曲面

使用"匹配曲面"🖋可通过已知的变形曲面与其他曲面按照指定的连续性连接起来。用户可通过单击🖋右下方的倒三角打开图 4-88 所示的"匹配"工具条。该工具条包括单边匹配🖋和多变匹配🖳两个工具。

图 4-88 "匹配"工具条

1. 单边匹配

"单边匹配"命令🖋可将曲面的一条边贴合到另一个曲面的边线上, 并且可定义两曲面之间的连续性。下面通过实例说明单边匹配的操作过程。

(1) 打开文件 CATIA 数字化设计"G:\光盘资料\第四章实例\18Match Surface.CATPart", 如图 4-89 所示。

(2) 选择🖋命令, 系统弹出"匹配曲面"对话框, 如图 4-90 所示。

图 4-89 用于单边匹配的两个曲面

图 4-90 "匹配曲面"对话框

(3) 定义匹配边。选择两曲面靠近的两边。

(4) 设置匹配曲面的类型为"自动"。

"类型"：设置创建匹配曲面的类型，包括"分析"、"近似"和"自动"。

• 分析：利用指定匹配边的控制点参数创建匹配曲面。

• 近似：用于将指定的匹配边离散，从而近似地创建匹配曲面。

• 自动：该选项是最优的计算模式，系统将使用"分析"方式创建匹配曲面，如果不能创建匹配曲面，则使用"近似"方式创建匹配曲面。

"信息"：用于显示匹配曲面的相关信息，包括"补面数"、"阶次"、"类型"和"增量"等相关信息的显示。

"选项"：用于设置匹配曲面的相关选项，包括"投影终点"、"投影边界"、"在主轴上移动"和"扩散"。

• 投影终点：用于投影目标曲线上的边界终点。

• 投影边界：用于投影目标面上的边界。

• 在主轴上移动：用于约束控制点，使其在指南针的主轴方向上移动。

• 扩散：用于沿截线方向拓展变形。

(5) 设置匹配曲面的连续性和阶次。在图形区中通过点击将匹配边线上的连续性切换为"曲率"，并设置其阶次 N 为 4，如图 4-91 所示，

图 4-91 曲面单边匹配的预览图

(6) 单击"确定"按钮，完成匹配曲面的创建。

2．多边匹配

使用"多边匹配"命令  可将曲面的所有边线贴合到参考曲面上。下面通过实例介绍多边匹配的创建过程。

(1) 打开文件 CATIA 数字化设计"G:\光盘资料\第四章实例\19Multi-Side Match Surface.CATPart"，如图 4-92 所示。

(2) 选择 命令。系统弹出"多边匹配"对话框，如图 4-93 所示。

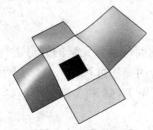

图 4-92 用于多边匹配的曲面

图 4-93 "多边匹配"对话框

- 散射变形：将变形遍布至整个匹配曲面，不局限于数量有限的控制点。
- 优化连续：设置用户定义的连续变形，不适用于控制点和网格线变形。

(3) 定义匹配边。依次选取源曲面的边线和阈值对应的目标曲面上的边线，直至源曲面的所有边线均被匹配，如图 4-94 所示。

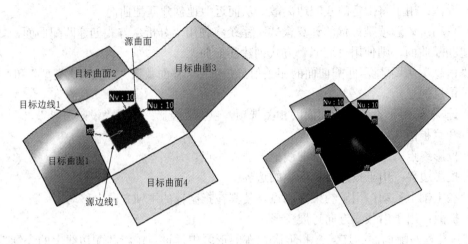

图 4-94   多边匹配的预览效果

(4) 定义连续性。在图形区中将所有边线上的"点"连续改为"曲率"连续。

(5) 单击"确定"按钮，完成多边匹配的创建，如图 4-95 所示。

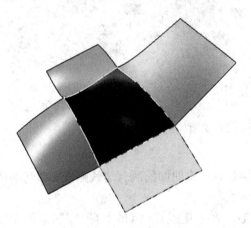

图 4-95   创建后的多边匹配

4.5.4   拟合几何图形

使用"拟合几何图形"命令 ▱ 可对已知曲线或曲面与目标元素的外形进行拟合，以达到逼近目标元素的目的。下面通过实例说明外形拟合的操作过程。

(1) 打开文件 CATIA 数字化设计 "G:\光盘资料\第四章实例\20Fit to Geometry.CATPart"，如图 4-96 所示。

(2) 选择命令 ▱，系统弹出"拟合几何图形"对话框，如图 4-97 所示。

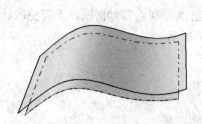

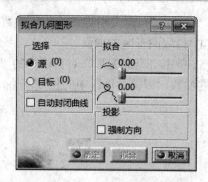

图 4-96　用于拟合几何图形的曲面　　　　图 4-97　"拟合几何图形"对话框

(3) 定义源元素和目标元素。在图形区选取上曲面为源元素；选取下曲面为目标元素。

"选择"：用于定义源和目标元素，包括"源"和"目标"。

• 源：用于选择要拟合的元素。

• 目标：用于选择目标元素。

"拟合"：定义拟合的相关参数，包括"张度"和"光顺"两个滑块。

• 张度 ⌒：用于设定张度系数。

• 光顺 ⚘：用于设定光顺系数。

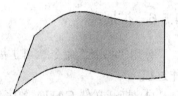

"自动封闭曲线"：设置自动封闭的拟合曲线。

"强制方向"：可定义投影方向。

(4) 设置拟合参数。调整 ⌒滑块和 ⚘滑块至合适值。

(5) 单击"确定"按钮，完成外形拟合的创建，如图

4-98 所示。

图 4-98　拟合几何参数后的曲面

4.5.5　全局变形

使用"全局变形"命令 ⬥可沿指定元素改变曲面的形状。下面通过实例说明全局变形的操作过程。

(1) 打开文件 CATIA 数字化设计"G:\光盘资料\第四章实例\21Global deformation. CATPart"，如图 4-99 所示。

(2) 选择 ⬥命令，系统弹出"全局变形"对话框，如图 4-100 所示。

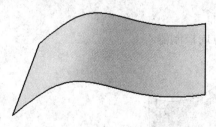

图 4-99　用于全局变形的曲面　　　　图 4-100　"全局变形"对话框

(3) 定义全局变形类型。在"类型"下方点击"使用中间曲面"按钮。

• 使用中间曲面 ▦：使用中间曲面全局变形的曲面集。

• 使用轴 ⬓：使用轴全局变形的曲面集。

"引导线"：定义引导线的相关参数。

(4) 拾取图形区的曲面。

(5) 单击"全局变形"对话框中的"运行"，弹出"控制点"对话框，无需更改该对话框中的参数。调整图形区中的控制网格，如图 4-101 所示。

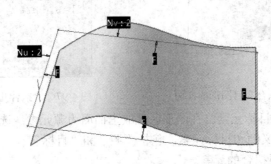

图 4-101   曲面的全局变形效果预览

(6) 单击"确定"按钮，完成全局变形的创建。

4.5.6   扩展

使用"扩展"命令 ▨ 可扩展/缩短已知曲面或曲线的长度。下面通过实例说明扩展的操作过程。

(1) 打开文件 CATIA 数字化设计"G:\光盘资料\第四章实例\22Extend.CATPart"，如图 4-102 所示。

(2) 选择 ▨ 命令，系统弹出"扩展"对话框，如图 4-103 所示。

"保留分段"：用于设置允许负值扩展。

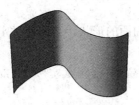

图 4-102   用于扩展的曲面

图 4-103   "扩展"对话框

(3) 定义要扩展的曲面。在图形区选择曲面。

(4) 设置扩展参数。拖动图 4-104 所示的方向控制器。

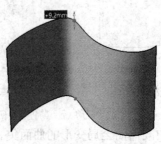

图 4-104   曲面扩展的预览效果

(5) 单击"确定"按钮，完成曲面扩展的创建。

4.6 曲线 / 曲面分析

4.6.1 连接性分析

"连接检查器分析"命令可以对曲线或曲面的距离、切线和曲率连续进行分析。下面通过实例说明对曲面进行连续性分析的操作过程。

(1) 打开文件 CATIA 数字化设计"G:\光盘资料\第四章实例\23surface_consecutiveness. CATPart"，如图 4-105 所示。

(2) 选择命令，系统弹出"连接检查器"对话框，如图 4-106 所示。

(3) 定义分析类型。在对话框的"类型"中单击"曲面—曲面连接"按钮，并确认"连接"中"内部边线"按钮被选中，然后在"最大间隔"文本框中输入值 0.5。

图 4-105 用于连接性分析的两个曲面

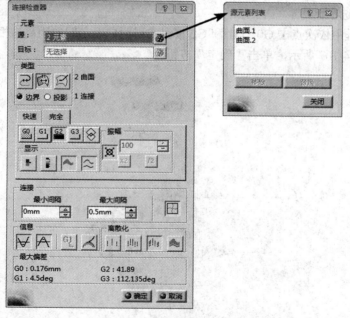

图 4-106 "连接检查器"对话框

"类型"：用于选择连接类型，包括"曲线—曲线连接"、"曲面—曲面连接"和"曲面—曲线连接"三种类型。

- 边界：用于两个元素的边界间的连接性分析。
- 投影：用于一个元素的边界与其在另一元素上的投影之间的连接性分析。

"快速"选项卡：用于获取考虑公差的简化分析。

⬚⬚⬚⬚⬚：用于对曲线或曲面的距离、切线、曲率进行分析。

"显示"：用于显示连续性的相关参数，包括"有限色标"、"完整色标"、"梳"和"包络"。

- 有限色标▐：在限制顾色范围内用于显示色度标尺。
- 完整色标▐：在完整顾色范围内用于显示色度标尺。
- 梳▟：用于显示与距离对应的个点处的尖峰。
- 包络◠：用于连接所有的尖峰从而形成曲线。

"振幅"：用于设置梳缩放的方式。

- 最小间隔：用于定义最小间隔值。低于此值将不执行任何分析。
- 最大间隔：用于定义最大间隔值。高于此值将不执行任何分析。
- 内部边线▦：用于分析内部连接。

"信息"：用于显示 3D 几何图形的最小值和最大值。

"离散化"：用于设置梳中的尖峰数目。

"最大偏差"：用于显示两曲面之间的最大偏差值。

(4) 定义要分析的面。按住 Ctrl 键，选取图形区中的两个曲面。

(5) 定义离散参数。在对话框的"离散化"中拾取▟按钮。

(6) 定义显示参数。确认"振幅"中的"自动缩放"▨按钮被选中；确认"显示"中"梳"▟按钮被选中。

(7) 在对话框中依次点击 G0、G1 和 G2 按钮实现两曲面之间的距离、相切和曲率等连续性分析，如图 4-107 所示，单击"确定"按钮。

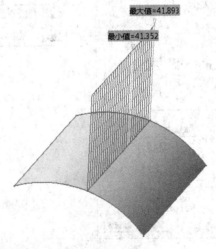

图 4-107 两曲面的连接性分析——G2 连续性

4.6.2 距离分析

"距离分析"命令▟可以对已知元素间进行距离分析。下面通过实例，说明距离分析的操作过程。

（1）打开文件 CATIA 数字化设计"G:\光盘资料\第四章实例\24distance analysis.CATPart"，如图 4-108 所示。

（2）选择📐命令。系统弹出"距离分析"对话框，如图 4-109 所示。

（3）定义"源"元素。在图形区选取一个曲面为"源"。

（4）定义"目标"元素。在"距离分析"对话框的"目标"右侧的输入框中单击一次，然后在图形区选取另一曲面为"目标"。

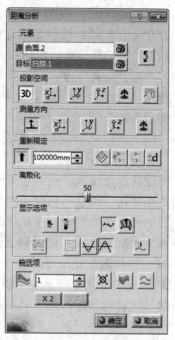

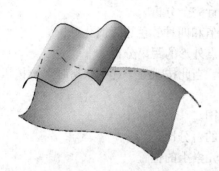

图 4-108　用于距离分析的两个曲面　　　　图 4-109　　"距离分析"对话框

"元素"：用于定义要分析的元素，包括"源"和"目标"两个输入框。

• 源：用于定义分析的源元素。

• 目标：用于定义分析的目标元素。

• 反转分析计算🔄：用于反转计算方向。

"投影空间"：定义用于计算的输入元素的预处理，包括"无元素投影"、"X 方向投影"、"Y 方向投影"、"Z 方向投影"、"指南针方向投影"和"平面距离"。

• 无元素投影3D：若单击此按钮，则设置不修改元素并在初始元素之间进行计算。

• X 方向投影：计算沿 X 方向进行投影的元素之间的距离。仅在分析曲线之间的距离时可用。

• Y 方向投影：计算沿 Y 方向进行投影的元素之间的距离。仅在分析曲线之间的距离时可用。

• Z 方向投影：计算沿 Z 方向进行投影的元素之间的距离。仅在分析曲线之间的距离时可用。

• 指南针方向投影🧭：根据指南针当前的方向进行投影，并在选定元素的投影之间进行计算。

- 平面距离 🔊：计算曲线与包含该曲线的平面交线之间的距离。仅在分析曲线与平面之间的距离时可用。

"测量方向"：用于定义计算距离的方向，包括"法线距离"、"X 方向距离"、"Y 方向距离"、"Z 方向距离"和"指南针方向距离"。

- 法线距离 ⊥：根据源元素的法线计算距离。
- X 方向距离 ↲：根据 X 轴计算距离。
- Y 方向距离 ↳：根据 Y 轴计算距离。
- Z 方向距离 ↴：根据 Z 轴计算距离。
- 指南针方向距离 ♠：根据指南针方向计算距离。

"用户最大距离"↑：用于设置显示的最大距离值。

"离散化"：用于设置离散化参数。

"显示选项"：定义显示选项，包括"有限颜色范围"、"完整颜色范围"、"显示带颜色的点"、"结构映射模式"、"2D 图表"、"显示统计信息"、"最小值"、"最大值"和"启用可变点"。

- 有限颜色范围 🔳：基于选择的颜色范围进行完全分析。
- 完整颜色范围 🔳：仅使用默认显示的三个值和四种颜色进行简化分析。
- 显示带颜色的点 ～：在几何图形上仅显示点外形的距离分析。
- 结构映射模式 🔳：使用颜色分布检查分析。当此按钮处于选中状态时，～ 按钮、🅐 按钮、∀ 按钮和 ⊠ 按钮不可用。
- 2D 图表 ⛰：用于显示表示距离变化的 2D 图。
- 显示统计信息 ⊠：用于显示两个值之间点的百分比。
- 最小值 ∀：用于显示最小距离值，以及在元素上的位置。
- 最大值 🅐：用于显示最大距离值，以及在元素上的位置。
- 启用可变点 ↧：允许将鼠标指针移动到离散化元素上时，显示指针下方的点与其他组元素之间更精确的距离。

"梳选项"：用于显示尖峰外形的距离分析，包括"显示梳"、"与缩放无关的长度"、"反转尖峰"和"显示包络"。

- 显示梳 🔳：当选中按钮时，"梳选项"被激活，且用户可在其右侧的输入框中输入尖峰大小的比例。
- 与缩放无关的长度 ⊠：用于设置自动优化的尖峰大小。
- 反转尖峰 🔳：用于反转几何图形上的尖峰可视化。
- 显示包络 ～：用于显示将所有尖峰连接在一起的包络线。

(5) 定义测量方向。在"测量方向"中单击"法线距离"⊥ 按钮。当鼠标移至曲面某位置时将会显示当前位置处的距离。

(6) 定义显示选项。单击"显示选项"中的 🔳 按钮，系统弹出"Colors"对话框。在该对话框中单击"使用最小值和最大值"按钮，如图 4-110 所示。

(7) 分析统计分布。在"距离分析"对话框中单击"显示统计信息"按钮 ⊠，此时的"Colors"对话框如图 4-111 所示。

图 4-110　"Colors"对话框　　　　　　图 4-111　"Colors"对话框—统计分布

（8）显示最小值和最大值。在"距离分析"对话框中单击"最小值"按钮 ∀ 和"最大值"按钮 Λ，则图形区会显示出最小值和最大值。

（9）显示梳。单击"确定"按钮，完成距离分析，如图 4-112 所示。

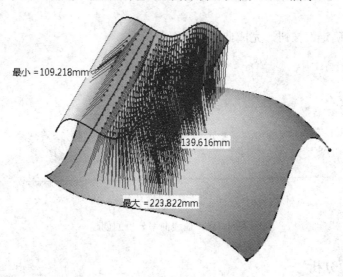

图 4-112　两曲面之间的距离分析

4.6.3　箭状曲率分析

"箭状曲率分析"命令 ❧ 可以对曲线进行分析，观察所生成的曲率图有无规则的"尖端"和"折叠"，从而对曲线进行平滑或光顺处理，也保证了所创建曲面的连续性。下面通过实例说明曲线曲率分析的操作过程。

(1) 打开文件 CATIA 数字化设计 "G:\光盘资料\第四章实例\25Curvature analysis. CATPart"，如图 4-113 所示。

(2) 选择命令 ≋。系统弹出"箭状曲率"对话框，如图 4-114 所示。

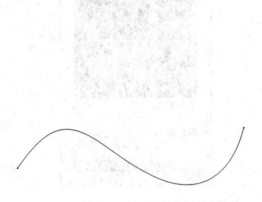

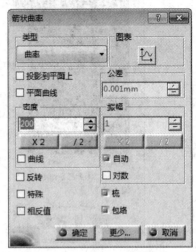

图 4-113　用于曲率分析的曲线　　　　　　　　图 4-114　"箭状曲率"对话框

(3) 选择分析类型。在"箭状曲率"对话框的"类型"中选择"曲率"。

(4) 选取要分析的项，然后在图形区选取曲线，曲线上出现曲率分布图，如图 4-115 所示。将鼠标移至曲率分布图的任意曲率线上，系统将自动显示该曲率线对应曲线位置的曲率数值。

(5) 单击"确定"按钮，完成曲线的曲率分析。

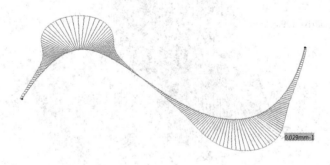

图 4-115　曲线曲率分析的创建

4.6.4　切除面分析

"切除面分析"命令 ▨ 可以在已知曲面上创建若干个切割平面，并对这些切割平面与已知曲面的交线进行曲率分析。下面通过实例说明切除面分析的操作过程。

(1) 打开文件 CATIA 数字化设计"G:\光盘资料\第四章实例\26qiechumianfenxi.CATPart"，如图 4-116 所示。

(2) 选择 ▨ 命令。系统弹出"分析切除面"对话框，如图 4-117 所示。

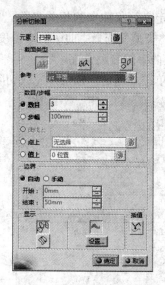

图 4-116　用于切除面分析的曲面　　　　　图 4-117　"分析切除面"对话框

(3) 设置截面类型。在"分析切除面"对话框的"截面类型"区域中单击"平行平面"按钮，然后右击"参考"右侧的输入框，在弹出框中选择"yz 平面"。

"截面类型"：用于定义截面的创建类型，包括"平行平面"、"与曲线垂直的平面"和"独立平面"。

• 平行平面：用于创建平行的截面。

• 与曲线垂直的平面：用于创建与指定曲线垂直的截面。

• 独立平面：用于创建独立截面，并且此独立截面必须是前面创建好的平面或曲面。

"数目/步幅"：用于设置创建截画的相关参数，包括"数目"、"步幅"和"曲线上"。

• 数目：用于定义创建截面的数量。

• 步幅：用于定义截面的间距。

• 曲线上：用于设置沿曲线的截面位置。

"边界"：用于定义平行截面的相关参数，包括"自动"、"手动"、"开始"和"结束"。

• 自动：用于设置系统自动根据选择的几何图形定义截面的位置。

• 手动：用于将截面的位置定义在指定的开始值和结束值之间。

• 开始：用于定义截面的开始值。

• 结束：用于定义截面的结束值。

"显示"：用于设置显示的相关选项，包括"平面"、"弧长"、"曲率"、"设置"。

• 平面：用于显示创建的截面。

• 弧长：用于显示创建的弧长。

• 曲率：用于显示截面与指定曲面交线的曲率。

• 设置：用于显示"箭状曲率"的相关参数。

(4) 设置截面数量。选中"数目"按钮，在其右侧输入框中输入数值 10。

(5) 定义要分析的曲面。在图形区选取曲面为分析对象。

(6) 定义显示参数。单击对话框中的"平面"按钮和"曲率"按钮。

(7) 定义箭状曲率的相关参数。单击对话框中"设置"按钮，系统弹出"箭状曲率"对话框。"类型"选择"曲率"，"密度"设置为 100，如图 4-118 所示，单击"确定"按钮，完成箭状曲率的参数设置。

(8) 单击"确定"按钮，完成切除面分析，如图 4-119 所示。

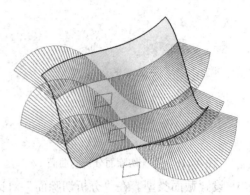

图 4-118 "箭状曲率"对话框   图 4-119 曲面的切除面分析

4.6.5 反射线分析

"反射线分析"命令可以利用反射线对已知曲面进行分析。下面通过实例说明反射线分析的操作过程。

(1) 打开文件 CATIA 数字化设计"G:\光盘资料\第四章实例\27Reflection Lines.CATPart"，如图 4-120 所示。

(2) 选择命令。系统弹出"反射线"对话框，如图 4-121 所示。

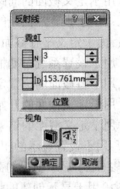

图 4-120 用于反射线分析的曲面   图 4-121 "反射线"对话框

(3) 定义要分析的对象。在图形区选取曲面为要分析的对象。

(4) 定义霓虹参数。在对话框中，点击"设置"按钮，再设置为 10，设置为 15。

"霓虹"：用于定义霓虹的相关参数，包括"霓虹数"、"霓虹间步幅"和"位置"。

● 霓虹数：用于定义霓虹的条数。

● 霓虹间步幅：用于定义每条霓虹的间距。

● 位置：用于设置自动霓虹定位。

"视角"：用于定义视角的位置，包括"与视点相关的视角"和"用户定义的视角"。

● 与视点相关的视角📷：用于将视角设置到视点位置。

● 用户定义的视角📷：将用户定义的视角定义到固定的位置。

(5) 定义视角。在"视角"下方单击📷。

(6) 单击"确定"按钮，完成反射线分析，如图 4-122 所示。

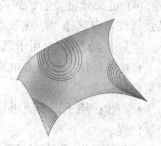

图 4-122　曲面的反射线分析

4.6.6　衍射线分析

"衍射线分析"命令✏可以利用衍射线对已知曲面进行分析。下面通过实例说明衍射线分析的操作过程。

(1) 打开文件 CATIA 数字化设计"G:\光盘资料\第四章实例\27Reflection Lines.CATPart"，如图 4-120 所示。

(2) 选择命令✏。系统弹出"衍射线"对话框，如图 4-123 所示。

(3) 定义要分析的对象。在图形区选取曲面为要分析的对象。

(4) 定义局部平面方式。在对话框选中"指南针平面"。

● 指南针平面：根据指南针定义每个点的局部平面。

● 参数：根据两个参数方向定义每个点的局部平面。

(5) 单击"确定"按钮，完成衍射线分析，如图 4-124 所示。

图 4-123　"衍射线"对话框

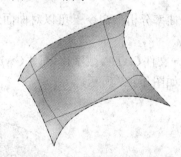

图 4-124　曲面的衍射线分析

4.6.7　强调线分析

"强调线分析"命令📷可利用强调线对已知曲面进行分析。下面通过实例说明强调线分析的操作过程。

(1) 打开文件 CATIA 数字化设计"G:\光盘资料\第四章实例\27Reflection Lines.CATPart"，如图 4-120 所示。

(2) 选择命令📷。系统弹出"强调线"对话框，如图 4-125 所示。

(3) 定义要分析的对象。在图形区选取曲面为要分析的对象。

(4) 定义分析类型、强调线类型和螺旋角。在对话框中，"分析类型"选择角度，"定义强调线"中选择"法线"，"螺旋角"设为"10deg"。

"定义强调线"：用于选择强调线的突出显示类型，包括"切线"和"法线"。

• 切线：用于设置突出显示指定曲面上的点的切线方向与指南针的 Z 轴方向成定义的螺旋角度位置。

• 法线：用于设置突出显示指定曲面上的点的法向与指南针的 Z 轴方向成定义的螺旋角度位置。

"螺纹角"：用于定义螺旋的角度值。

(5) 单击"确定"按钮，完成强调线的分析，如图 4-126 所示。

图 4-125　"强调线"对话框

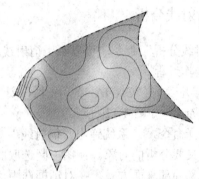
图 4-126　曲面的强调线分析

4.6.8　曲面曲率分析

"曲面曲率分析"命令🔲可以对曲面进行曲率分析。下面通过实例说明曲面曲率分析的操作过程。

(1) 打开文件 CATIA 数字化设计"G:\光盘资料\第四章实例\28surface_Curvature analysis.CATPart"，如图 4-127 所示。

图 4-127　用于曲率分析的曲面

(2) 更改视图样式。选择"含材料着色" 🔲。

(3) 选择🔲命令。系统弹出"曲面曲率"对话框，如图 4-128 所示。

(4) 定义分析对象。选中图形区图形。

(5) 定义显示选项。选中"色标"和"3D 最小值和最大值"。弹出如图 4-129 所示的"曲面曲率分析.1"对话框，单击"使用最小值和最大值"按钮。

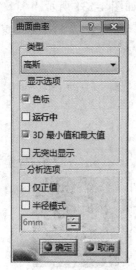

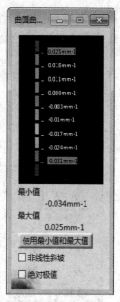

图 4-128　"曲面曲率"对话框　　　　图 4-129　"曲面曲率分析.1"对话框

• 色标：显示或隐藏色标，即对应打开或关闭"曲面曲率分析.1"对话框，如图 4-129 所示。

• 运行中：根据运行中的点进行分析，得出单个点的曲率，并以曲率箭头指示最大曲率和最小曲率的方位。

• 3D 最小值和最大值：在 3D 查看器中找到最大值和最小值。

• 无突出显示：无突出显示展示。

• 仅正值：要求系统进行正值分析。

• 半径模式：要求系统在半径模式下评估分析。

(6) 单击"确定"按钮，完成曲面曲率的分析，如图 4-130 所示。

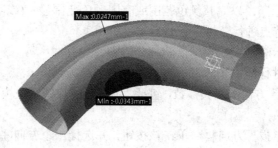

图 4-130　曲面的曲率分析

4.6.9　拔模分析

点击"曲面曲率分析"命令 下三角，使用"拔模分析" 命令可以对曲面进行拔模分析，下面通过实例说明拔模分析的操作过程。

(1) 打开文件 CATIA 数字化设计 "G:\光盘资料\第四章实例\28surface_Curvature analysis.CATPart"，如图 4-127 所示。

(2) 更改视图样式。选择▨含材料着色。

(3) 选择命令▨。系统弹出"拔模分析"对话框，如图4-131所示。

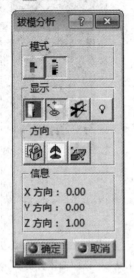

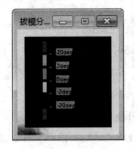

图 4-131   "拔模分析"对话框   图 4-132   "拔模分析.1"对话框

(4) 定义要分析的对象。在图形区选取图形。

(5) 定义显示选项。单击"模式"中的▮按钮，系统弹出如图4-132所示的"拔模分析.1"对话框。

"模式"：用于定义分析模式，包括"快速分析模式"和"全面分析模式"。

• 快速分析模式▮：基于选择的颜色范围进行快速分析。

• 全面分析模式▮：使用默认显示的值和颜色进行全面分析。

"显示"：用于定义分析类型，包括"显示或隐藏色标"、"根据运行中的特点进行分析"、"无突出显示展示"和"光源效果"。

• 显示或隐藏色标▮：以完整颜色范围或有限颜色范围显示(或隐藏)距离分析。

• 根据运行中的特点进行分析▮：进行局部分析。

• 无突出显示展示▮：突出显示展示部分的隐藏。

• 光源效果▮：进行环境光源明暗的调整。

"方向"：用于设置方向的相关参数，包括"锁定或解除锁定拔模方向"、"使用指南针"和"反转拔模方向"。

• 锁定或解除锁定拔模方向▮：单击该按钮，并选择一个方向(直线、平面或使用其法线的平西)，或者在指南针操作器可用时使用它的选择方向可以锁定方向。

• 使用指南针▮：使用指南针定义新的当前拔模方向。

• 反转拔模方向▮：用于反转拔模方向。

"信息"区域：用于显示指南针的位置信息。

(6) 定义拔模方向。单击"方向"中的▲按钮，右击图形区中的指南针，在弹出的快捷菜单中选择"使UV成为优先平面"，如图4-133所示。

(7) 单击"确定"按钮，完成拔模分析，如图4-134所示。

图 4-133 指南针的右击快捷菜单　　　　　图 4-134 曲面的拔模分析

4.6.10 映射分析

"映射分析"命令 命令可以对曲面进行映射分析。下面通过实例说明映射分析的操作过程。

(1) 打 开 文 件 CATIA 数 字 化 设 计 " G:\ 光 盘 资 料 \ 第 四 章 实 例 \29Mapping Analysis.CATPart",如图 4-135 所示。

(2) 更改视图样式。选择 含材料着色。

(3) 选择命令 。系统弹出"映射"对话框,如图 4-136 所示。

图 4-135 用于映射分析的曲面　　　　　　图 4-136 "映射"对话框

(4) 定义分析图像。对话框中的"图像定义"下拉列表中选择"海滩"。

"图像定义":用于定义图像的类型。

• ：用户可以通过单击该按钮添加自定义图片。

"选项":用于设置映射的参数,包括"反射率的值"和"零件映射或逐元素映射"。

• 反射率的值 ：用于定义反射率值即结构使用的透明度。

• 零件映射或逐元素映射 ：定义映射是逐个零件完成还是在零部件上全局完成。

(5) 定义分析对象。在图形区选取图形为要分析的对象。

(6) 单击"确定"按钮,完成映射分析,如图 4-137 所示。

图 4-137 曲面的映射分析

4.6.11 等照度线映射分析(斑马线分析)

点击"映射分析"命令 右下方的倒三角，使用 "等照度线映射分析"命令 可以对曲面进行斑马线分析。下面通过实例说明斑马线分析的操作过程。

(1) 打开文件 CATIA 数字化设计"G:\光盘资料\第四章实例\29Mapping Analysis.CATPart"，如图 4-174 所示。

(2) 更改视图样式。选择 含材料着色。

(3) 选择命令 。系统弹出"等照度线映照分析"对话框，如图 4-138 所示。

(4) 定义映射类型。在"类型选项"中的 下拉列表中拾取"球面模式"。

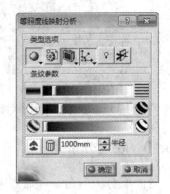

图 4-138　"等照度线映照分析"对话框

"类型选项"：用于设置映射分析的相关选项，包括"球面模式"下拉列表、"按零件分析映射或逐个元素分析映射"、"屏幕定义"下拉列表、"点模式"下拉列表、"光源效果"和"无突出显示展示"。

- 球面模式 下拉列表：用于设置分析类型。
- 按零件分析映射或逐个元素分析映射 ：用于定义映射是逐个零件完成还是在零部件上全局完成。
- 屏幕定义 下拉列表：用于屏幕定义。
- 点模式 下拉列表：使用用户视角位置定义映射分析入射方向。
- 光源效果 ：用于进行环境光源明暗的调整。
- 无突出显示展示 ：用于突出显示展示部分的隐藏。

"条纹参数"：用于设置条纹的相关参数，包括"少量条纹—大量条纹"滑块、"黑粗条纹—黑细条纹"滑块、"颜色锐化转换—颜色光顺转换"滑块、"指南针 3D 方向"、"隐藏 3D 操作器"和"半径"输入框。

- 少量条纹—大量条纹 ：用于设置条纹相对数量。
- 黑粗条纹—黑细条纹 ：用于设置黑白条纹相对宽度。
- 颜色锐化转换—颜色光顺转换 ：用于设置颜色锐化和光顺的相对值。
- 指南针 3D 方向 ：用于通过移动指南针改变映射分析方向。

- 隐藏 3D 操作器 ：用于隐藏 3D 操作器。
- "半径"输入框：用于设置圆柱或球面的半径值。

(5) 定义分析对象。在图形区选择图形为要分析的对象。

图 4-139　曲面的斑马线分析

(6) 单击"确定"按钮，完成斑马线分析，如图 4-139 所示。

第五章

自由曲面设计实例

∾∾∾∾∾∾∾∾∾∾∾∾∾∾

随着科技的发展和社会的进步，自由曲面在汽车、飞机等设计领域的应用日益广泛。CATIA 以其强大的自由曲面模块为用户提供了极丰富的造型工具，能够满足用户对复杂曲面及其光顺性的设计要求。本章通过花瓶和汽车车身两个实例的操作，展示 CATIA 的自由曲面和创成式外形设计两个模块在实际中的应用。

5.1 花 瓶

在日常居家生活中摆放花瓶可以起到美化家居和提升品位的作用，花瓶如图 5-1 所示。

图 5-1 花瓶

在 CATIA 强大的自由曲面模块中，通过运用"3D 曲线"、"旋转"、"对称"、"偏移曲面"以及"桥接"等命令，可以简单快捷地完成花瓶的造型设计，其基体步骤如下：

(1) 单击"3D 曲线(3D Curve)"命令图标 ⌒，在正视图模式下，以控制点的方式绘制如图 5-2 所示的 3D 曲线.1，3D 曲线.1 从上至下 6 个点的坐标见表 5-1。

表 5-1　3D 曲线 1 从上至下 6 个点的坐标

点	沿 x 方向位置	沿 y 方向位置	沿 z 方向位置
点 1	0	9.5	33
点 2	0	−7	12
点 3	0	20	-16
点 4	0	25	-24
点 5	0	50	-46
点 6	0	16	86.5

(2) 单击"旋转"命令图标，"轮廓"选择 3D 曲线.1，z 轴作为旋转轴。"角度 1"定义为 180°，"角度 2"定义为 0°，旋转.1 如图 5-3 所示。

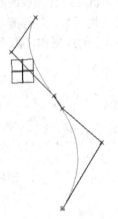

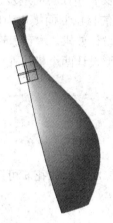

图 5-2　3D 曲线.1   图 5-3　旋转.1

(3) 单击"偏移"命令图标，偏移 3 mm 得曲面.1，如图 5-4 所示。

(4) 单击"桥接曲面"命令图标，桥接旋转.1 和曲面.1 顶部，桥接曲面.1 如图 5-5 所示。

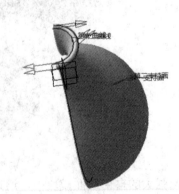

图 5-4　曲面.1   图 5-5　桥接曲面.1

(5) 单击"对称"命令图标，将上述创建的所有曲面进行对称，对称面选择 yz 平面，如图 5-6 所示。

(6) 单击"桥接曲面"命令图标 ，分别对两曲面底部进行桥接，连续性均定义为"点"，曲面.2 和曲面.3 分别如图 5-7 和图 5-8 所示。创建完成的花瓶如图 5-9 所示。

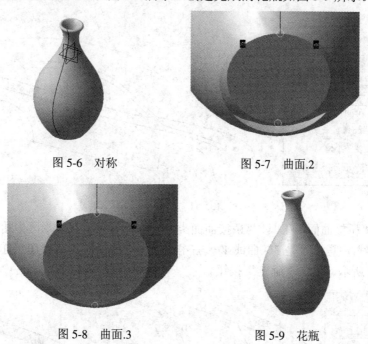

图 5-6　对称　　　　　　　　　　　图 5-7　曲面.2

图 5-8　曲面.3　　　　　　　　　图 5-9　花瓶

5.2　汽　车　车　身

1．车身基本线框的导入

打开 CATIA 软件后，进入 Freestyle 模块，依次点击菜单"开始"→"形状"→"Freestyle"。打开文件 CATIA 数字化设计 "G:\光盘资料\第五章实例\5-2 车身\wireframe.CATPart"，车身基本线框如图 5-10 所示。

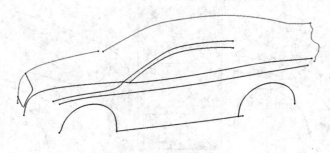

图 5-10　车身基本线框

2．创建曲面

1) 车身头部

(1) 创建名称为"曲面"的几何图形集。

(2) 使用"拉伸"工具对 3D 曲线 .1 进行拉伸,"方向"选择曲线的法线,"长度"设为 −200 mm,拉伸得到的曲面.1 如图 5-11 所示,单击"确定"按钮。(创建该曲面可辅助车身的曲面设计。)

图 5-11 曲面.1

(3) 点击"桥接曲面"工具,"桥接曲面类型"选择近似,在图形区中拾取 3D 曲线.2 和曲面.1 的边线(注意:不是 3D 曲线.1),右击图形区中的黑框,选择切线连续,得到的曲面.2 如图 5-12 所示,单击"确定"按钮。

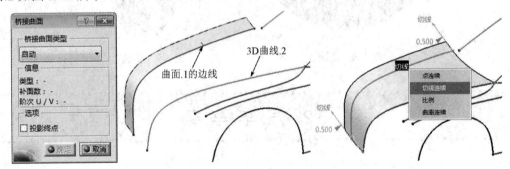

图 5-12 曲面.2

(4) 点击"桥接曲面"工具,拾取 3D 曲线.3 和曲面.2 的边线,右击左下方的端点,点击"编辑",在调谐器中更改"参数"为 0.65,右击图形区中的黑框,选择曲率连续,得到的曲面.3 如图 5-13 所示,单击"确定"按钮。

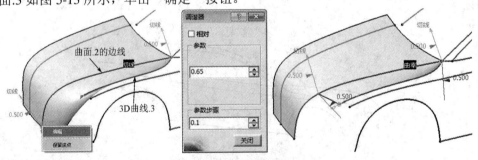

图 5-13 曲面.3

(5) 继续使用"桥接曲面"工具,拾取 3D 曲线.4 和曲面.3 的边线,连续性设为点连续,更改右下方端点的位置,设置调谐器中的"参数"为 0.34,得到的曲面.4 如图 5-14 所示,点击"确定"按钮。

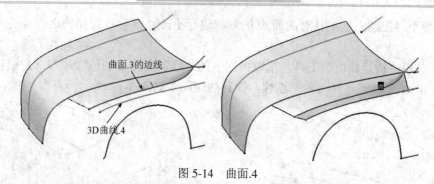

图 5-14　曲面.4

(6) 使用"控制点"工具,"支持面"选择局部法线▨,"过滤器"设为仅限网格▨,图形区中更改 Nv 值为 3 阶,上下边线均设置为 G0 连续,调整曲面形状,如图 5-15 所示,点击"确定"按钮。

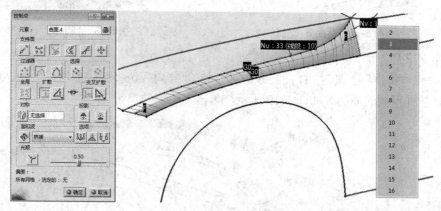

图 5-15　曲面.4 的修改

(7) 使用"桥接曲面"工具,拾取 3D 曲线.5 和曲面.2 的边线,连续性设为点连续,更改左上方端点的位置(调谐器中"参数"设为 0.78),更改右下方端点的位置(调谐器中"参数"设为 0.28),更改连续性为曲率连续,得到的曲面.5 如图 5-16 所示,点击"确定"按钮。

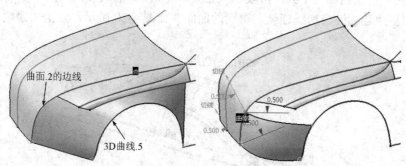

图 5-16　曲面.5

(8) 继续使用"桥接曲面"工具,拾取 3D 曲线.5 和曲面.4 的边线,连续性设为点连续,更改右上方端点的位置参数为 0.8,更改右下方端点的位置参数为 0.2,更改连续性为曲率连续,得到的曲面.6 如图 5-17 所示,点击"确定"按钮。

(9) 使用"控制点"工具对曲面.6 的形状进行更改，参数设置如同曲面.4 的形状更改设置。

(10) 使用"桥接曲面"工具，拾取曲面.5 的边线和曲面.6 的边线，左下角端点的位置参数设为 0.6，更改连续性为曲率连续，得到的曲面.7 如图 5-18 所示，点击"确定"按钮。

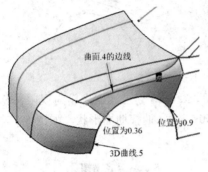

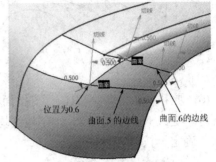

图 5-17　曲面.6　　　　　　　　　　图 5-18　曲面.7

2) 车身中部

(1) 使用"拉伸"工具对 3D 曲线.6 进行拉伸，"方向"选择曲线的法线，"长度"设为 200 mm，拉伸得到的曲面.8 如图 5-19 所示，单击"确定"按钮。

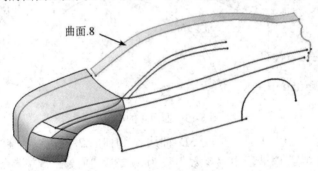

图 5-19　曲面.8

(2) 使用"桥接曲面"工具，拾取 3D 曲线.7 和曲面.8 的边线，右上角端点的位置参数设为 0.42，更改连续性为切线连续，得到的曲面.9 如图 5-20 所示，点击"确定"按钮。

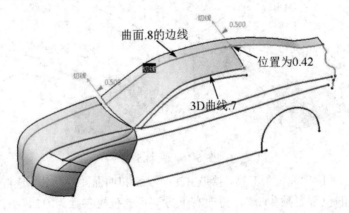

图 5-20　曲面.9

(3) 使用"桥接曲面"工具，拾取 3D 曲线.8 和曲面.9 的边线，左上角端点的位置参数设为 0.15，左下角端点的位置参数设为 0.06，更改连续性为曲率连续，得到的曲面.10 如图 5-21 所示，点击"确定"按钮。

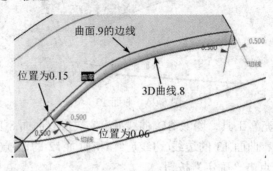

图 5-21　曲面.10

(4) 使用"自由填充"工具，隐藏 3D 曲面.7，依次拾取曲面.10 的边线(曲率连续)、曲面.9 的边线(曲率连续)、3D 曲线.9(点连续)和 3D 曲线.8(点连续)，得到的曲面.11 如图 5-22 所示，点击"确定"按钮。

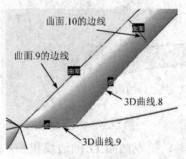

图 5-22　曲面.11

(5) 点击"桥接曲面"工具，"桥接曲面类型"选择自动，拾取 3D 曲线.9 和曲面.8 的边线，左上角端点的位置参数为 0.6，左下角端点的位置参数为 0.8，更改连续性为切线连续，得到的曲面.12 如图 5-23 所示，点击"确定"按钮。

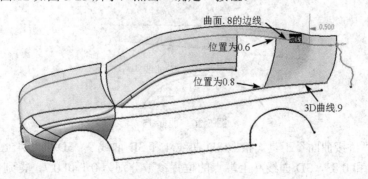

图 5-23　曲面.12

(6) 点击"桥接曲面"工具，拾取曲面.10 的边线和曲面.5 的边线，将曲面.5 边线上的端点位置参数分别设为 0.85 和 0.62，更改连续性为曲率连续，得到的曲面.13 如图 5-24 所示，点击"确定"按钮。

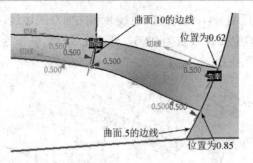

图 5-24　曲面.13

(7) 使用"自由填充"工具，隐藏 3D 曲线.6，依次拾取曲面.8 的边线(切线连续)、曲面.9 的边线(切线连续)、曲面.13 的边线(切线连续)和曲面.12 的边线(切线连续)，得到的曲面.14 如图 5-25 所示，点击"确定"按钮。

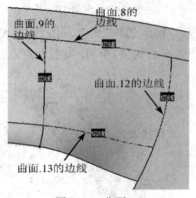

图 5-25　曲面.14

(8) 点击"桥接曲面"工具，拾取曲面.12 的边线和 3D 曲线.4，3D 曲线.4 上的端点位置参数分别为 0.87 和 1，更改连续性为切线连续，得到的曲面.15 如图 5-26 所示，点击"确定"按钮。

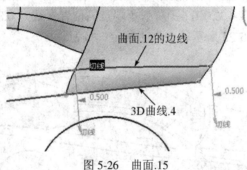

图 5-26　曲面.15

(9) 点击"桥接曲面"工具，拾取 3D 曲线.4 和 3D 曲线.9，3D 曲线.4 上端点的位置参数分别为 0.43 和 0.83，3D 曲线.9 上端点的位置参数分别为 0.1 和 0.7，得到曲面.16，点击"确定"按钮。使用"控制点"工具更改该曲面的形状，参数设置如同曲面.4 的形状更改设置。

(10) 使用"自由填充"工具，参数设置如同曲面.14 的参数设置，创建出曲面.17 和曲面.18，如图 5-27 所示。

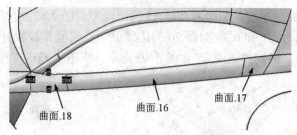

图 5-27 曲面.17 和曲面.18

(11) 点击"桥接曲面"工具，拾取 3D 曲线.4 和 3D 曲线.10，3D 曲线.4 上端点的位置参数分别为 0.45 和 0.8，3D 曲线.10 上端点的位置参数分别为 0.23 和 0.9，得到曲面.19，点击"确定"按钮。使用"控制点"工具更改该曲面的形状，参数设置如同曲面.4 的形状更改设置。

(12) 点击"桥接曲面"工具，拾取 3D 曲线.4 和 3D 曲线.11，3D 曲线.4 上端点的位置参数分别为 0.88 和 1，3D 曲线.11 上端点的位置参数分别为 0.3 和 0.7，得到曲面.20，点击"确定"按钮。同样，使用"控制点"工具更改该曲面的形状。

(13) 使用"自由填充"工具，参数设置如同曲面.14 的参数设置，创建的曲面.21 和曲面.22 如图 5-28 所示。

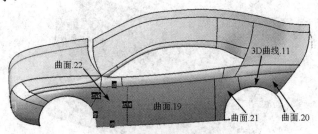

图 5-28 曲面.21 和曲面.22

3) 车身尾部

(1) 使用"拉伸"工具对 3D 曲线.12 进行拉伸，"方向"选择曲线的法线，"长度"设为 200 mm，拉伸得到曲面.23，单击"确定"按钮。

(2) 点击"桥接曲面"工具，"桥接曲面类型"选择自动，拾取 3D 曲线.11 和曲面.23 的边线，3D 曲线.11 上端点的位置参数分别为 0.8 和 1，曲面.23 的边线上端点的位置参数为 0 和 0.45，得到的曲面.24 如图 5-29 所示，点击"确定"按钮。

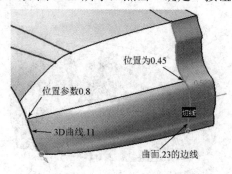

图 5-29 曲面.24

(3) 点击"桥接曲面"工具，拾取曲面.24 的边线和曲面.20 的边线，曲面.24 的边线上端点的位置参数分别为 0.1 和 0.3，曲面.20 的边线上端点的位置参数分别为 0.2 和 0.75，更改连续性为切线连续，得到的曲面.25 如图 5-30 所示，点击"确定"按钮。

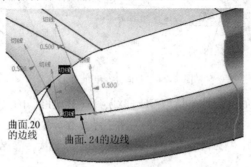

图 5-30　曲面.25

(4) 点击"桥接曲面"工具，"桥接曲面类型"选择自动，拾取曲面.23 的边线和曲面.25 的边线，曲面.23 的边线上端点的位置参数分别为 0.5 和 1，曲面.25 的边线上端点的位置参数分别为 0 和 1，得到的曲面.26 如图 5-31 所示，点击"确定"按钮。

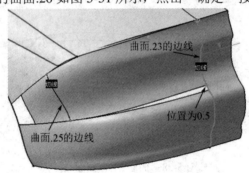

图 5-31　曲面.26

(5) 使用"自由填充"工具，填补曲面.24 和曲面.26 之间的缝隙，依次拾取曲面.23 的边线(切线连续)、曲面.24 的边线(点连续)和曲面.26 的边线(点连续)，得到曲面.27，点击"确定"按钮。

(6) 使用"自由填充"工具，依次拾取曲面.25 的边线(切线连续)、曲面.20 的边线(切线连续)、3D 曲线.11(点连续)和曲面.24 的边线(切线连续)，得到曲面.28，如图 5-32 所示，点击"确定"按钮。

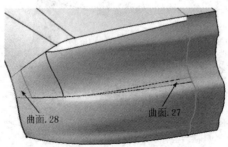

图 5-32　曲面.28

(7) 隐藏曲面.20，调整图形至右视图 🔲，绘制一条 3D 曲线，起点为曲面.26 的左上角端点，终点在 3D 曲线.12 上，如图 5-33 所示，点击"确定"按钮。

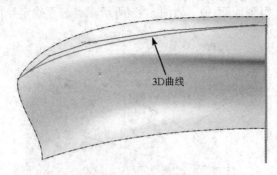

图 5-33　3D 曲线的创建

(8) 使用"中断曲面或曲线"工具，"元素"选择曲面.26，"限制"选择上一步创建的 3D 曲线.64，"投影"选择沿查看方向 ▶，点击"应用"按钮，保留较大区域的曲面分块，如图 5-34 所示，点击"确定"按钮。

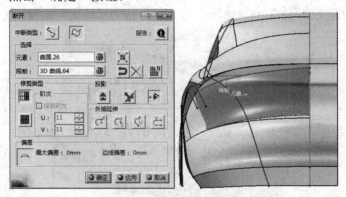

图 5-34　曲面.26 的中断

(9) 重新显示曲面.20，点击"桥接曲面"工具，拾取曲面.12 的边线和曲面.26 的边线，曲面.12 的边线上端点的位置参数分别为 0.05 和 1，连续性设为点连续，而曲面.26 的边线上端点的位置参数分别为 0.25 和 0.9，连续性设为曲率连续，得到曲面.29，如图 5-35 所示，点击"确定"按钮。

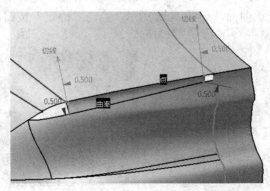

图 5-35　曲面.29

(10) 点击"桥接曲面"工具，拾取曲面.15 的边线和曲面.26 的边线，曲面.15 的边线上端点的位置参数分别为 0.3 和 0.8，曲面.26 的边线上端点的位置参数分别为 0.15 和 0.2，连续性设为曲率连续，得到曲面.30，如图 5-36 所示，点击"确定"按钮。

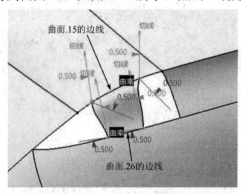

图 5-36　曲面.30

(11) 使用"自由填充"工具，填补车身尾部的缝隙，连续性设置如同曲面.29 的设置，得到曲面.31、曲面.32 和曲面.33，如图 5-37 所示，点击"确定"按钮。

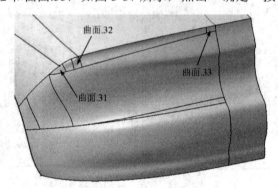

图 5-37　曲面.31、曲面.32 和曲面.33

4) 车灯和进气栅格

(1) 隐藏曲面.1、曲面.8 和曲面.23，调整图形至左视图 ⊡，使用"中断曲面或曲线"工具，"元素"选择曲面.2，"限制"选择 3D 曲线.13，"投影"选择沿查看方向 ⬕，点击"应用"按钮，保留两个分块曲面，如图 5-38 所示，点击"确定"按钮。

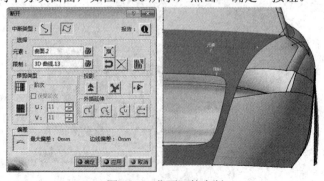

图 5-38　曲面.2 的中断

(2) 隐藏 3D 曲线.13，使用"平移"工具(创成式外形设计模块)将曲面.35 平移，"方向"为 Y 部件，"距离"为 40 mm，如图 5-39 所示，得到曲面.36，点击"确定"按钮。

(3) 隐藏曲面.34，使用"桥接曲面"工具，拾取曲面.36 的边线和曲面.35 的边线，连续性设为点连续，得到曲面.37，如图 5-39 所示，点击"确定"按钮。

(4) 使用"接合"工具，将曲面.35、曲面.36 和曲面.37 接合起来，得到接合曲面接合.6。使用"倒圆角"工具，对该接合曲面的边线进行倒圆角处理，圆角半径为 5 mm，点击"确定"按钮。

图 5-39　曲面.36

(5) 调整图形至左视图，使用"中断曲面或曲线"工具，"元素"选择曲面.5，"限制"选择名为接合.1 的接合曲线，"投影"选择沿查看方向，点击"应用"按钮，仅保留较大的分块曲面，如图 5-40 所示，点击"确定"按钮。

(6) 隐藏接合曲线——接合.1，使用"边界"工具(创成式外形设计模块)提取上一步中断处的边界，如图 5-41 所示，点击"确定"按钮。

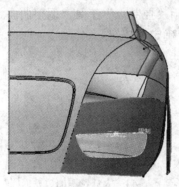

图 5-40　曲面.5 的中断　　　　　　图 5-41　中断面边界的提取

(7) 使用"拉伸曲面"工具，对上一步创建的边线进行曲面拉伸，"方向"选择指南针方向，通过切换"指南针工具栏"工具，调整拉伸方向为 Y 方向，"长度"设为 40 mm，得到曲面.38 和曲面.39，点击"确定"按钮。

(8) 使用"填充"工具(创成式外形设计模块)，拾取曲面.38 和曲面.39 的边线，构成封闭轮廓，如图 5-40 所示，点击"确定"按钮，得到如图 5-42 所示曲面.40。

(9) 使用"接合"工具，将曲面.5 和曲面.38～曲面 40 接合起来，得到接合.7。再使用"倒圆角"工具，对接合.7 的内部边线进行倒圆角，"半径"设为 3 mm，点击"确定"按钮。

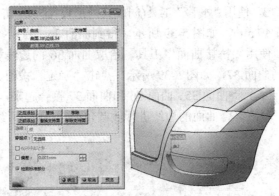

图 5-42 曲面.40

(10) 使用"接合"工具，将曲面.1 和曲面.3～曲面.7(注意：部分曲面已更名)接合起来，得到名为接合.8 的接合曲面。

(11) 使用"中断曲面或曲线"工具，"元素"选择接合.8，"限制"选择接合.5，点击"应用"，仅保留较大的分块曲面，生成曲面.41(曲面集合体)，如图 5-43 所示，点击"确定"按钮。

(12) 隐藏接合.2，使用"边界"工具提取上一步中断处的边界，"拓展类型"选择点连续，如图 5-44 所示，点击"确定"按钮。再使用"拉伸曲面"工具，将该边界沿着 Y 方向拉伸 40 mm，参数设置如同创建曲面.38 和曲面.39 的设置，得到曲面.42～曲面.49，如图 5-45 所示，点击"确定"按钮。再使用"接合"工具，将曲面.42～曲面.49 接合起来，生成曲面集合体——接合.9。

(13) 调整图形至左视图，点击模型树中的 zx 平面，再点击"平面缀面"工具，如图 5-46 所示，得到曲面.50。隐藏曲面.41，使用"控制点"工具，调整曲面.50 的形状，使其能够与接合.9 相交，如图 5-47 所示，点击"确定"按钮。

图 5-43 曲面——接合.8 的中断

图 5-44 大灯轮廓的边界提取

图 5-45 大灯侧面的拉伸

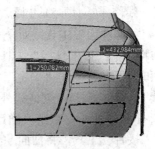

图 5-46 平面缀面的创建

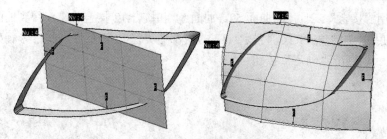

图 5-47　平面缀面形状的控制点调整

(14) 使用"修剪"工具，对曲面.50 和接合.9 进行修剪，修剪后的曲面如图 5-48 所示，点击"确定"按钮。

(15) 重新显示曲面.41，使用"接合"工具将上一步修剪后的曲面与曲面.41 接合，得到曲面集合体——接合.10。使用"倒圆角"工具，将上一步中的内部边线进行倒圆角处理，"半径"设为 2 mm，点击"确定"按钮。

(16) 调整图形至右视图 🔲，使用"接合"工具，将曲面.26 和曲面.29～曲面.32 接合，生成曲面集合体——接合.11，点击"确定"按钮。

(17) 使用"中断曲面或曲线"工具，"元素"选择接合.11，"限制"选择接合.2，点击"应用"按钮，保留较大区域的曲面分块，如图 5-49 所示，点击"确定"按钮，得到曲面集合体——曲面.51。

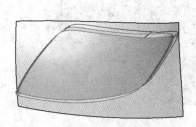

图 5-48　曲面修剪

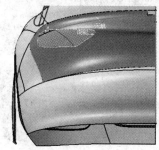

图 5-49　接合.11 的中断

(18) 隐藏接合.2，使用"边界"工具，提取上一步中断处的边界，如图 5-50 所示，点击"确定"按钮。使用"拉伸曲面"工具，将提取的边界沿 Y 方向拉伸 40 mm，如图 5-51 所示，得到曲面.52～曲面.58，点击"确定"按钮。

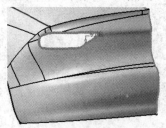

图 5-50　尾灯轮廓的提取

图 5-51　尾灯侧面的拉伸

(19) 使用"接合"工具，将曲面.52～曲面.58 接合，得到接合.12。使用"边界"工具，提取接合.12 的边界，如图 5-52 所示，点击"确定"按钮。再使用"填充"工具(创成式外形设计模块)，拾取该边界，点击"确定"按钮，生成曲面.59(填充.2)。

(20) 使用"接合"工具，将曲面.59、曲面.51 和接合.12 接合起来，得到曲面集合体——接合.13。再使用"倒圆角"工具，将接合.13 的内部边界进行倒圆角处理，"半径"设为 2 mm，如图 5-53 所示，点击"确定"按钮。

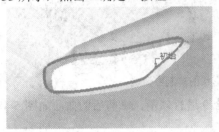
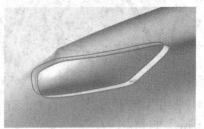

图 5-52　曲面.59　　　　　　　　　　　图 5-53　接合.13 的倒圆角

5) 车窗

(1) 点击"桥接曲面"工具，拾取曲面.13 的边线和 3D 曲线.9，曲面.13 的边线上端点的位置参数分别为 0 和 0.7，3D 曲线.9 上端点的位置参数分别为 0.64 和 0.75，连续性设为点连续，得到曲面.60，点击"确定"按钮。

(2) 点击"桥接曲面"工具，拾取曲面.10 的边线和 3D 曲线.9，曲面.10 的边线上端点的位置参数分别为 0 和 0.9，3D 曲线.9 上端点的位置参数分别为 0.1 和 0.6，连续性设为点连续，得到曲面.61，如图 5-54 所示，点击"确定"按钮。

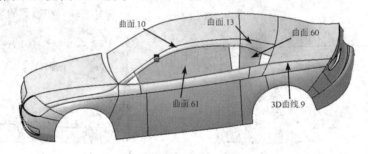

图 5-54　曲面.61

(3) 使用"自由填充"工具，填补曲面.60 和曲面.61 相邻的缝隙，连续性设置如同曲面.29 的设置，得到曲面.62、曲面.63 和曲面.64，如图 5-55 所示，点击"确定"按钮。

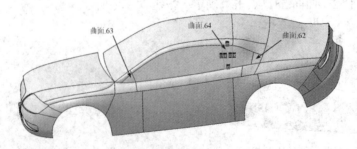

图 5-55　曲面.64

(4) 使用"接合"工具，将曲面.60～曲面.64 接合起来，得到曲面集合体——接合.14。使用"中断曲面或曲线"工具，"元素"选择接合.14，"限制"选择接合.3 和接合.4，点击"应用"按钮，保留较大区域的曲面分块，得到曲面.65，如图 5-56 所示，点击"确定"按钮。

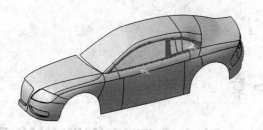

图 5-56　曲面.65

(5) 使用"中断曲面或曲线"工具，"元素"选择曲面.9，"限制"选择 3D 曲线.17，点击"应用"按钮，保留较大区域的曲面分块，如图 5-57 所示，点击"确定"按钮。

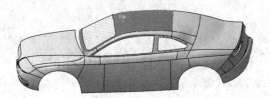

图 5-57　曲面.9 的中断

(6) 隐藏所有曲线，使用"对称"工具，"元素"框选图形区中的所有曲面，"参考"选择 yz 平面，如图 5-58 所示，点击"确定"按钮。至此，汽车车身的设计全部完成。

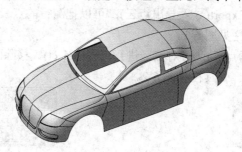

图 5-58　汽车车身的整体外形

第六章

数字曲面编辑器模块介绍

6.1 数字曲面编辑器功能简介

数字曲面编辑器在点云数据处理方面具有很大优势，可进行导入及清理点云数据、三角网格化点云、作点云剖面提取曲线、提取特征线以及点云质量分析。下面介绍各个具体功能。

• Cloud Import and Export(导入导出点云)：可以把测得的点云数据导入到 CATIA 中或从 CATIA 中导出，工具栏见图 6-1。

• Cloud Edition(编辑点云)：可对点云进行选择(Select)、移除(Remove)或过滤(Filter)，以及特征线保护(Protect)，工具栏见图 6-2。

图 6-1　"导入导出点云"工具栏

图 6-2　"编辑点云"工具栏

• Cloud Reposit(重置点云)：可对点云进行对齐，工具栏见图 6-3。

图 6-3　"重置点云"工具栏

• Mesh(铺面)：可建立三角网格，偏置平滑网格及孔洞修补等，工具栏见图 6-4。

图 6-4　"铺面"工具栏

• Cloud Operation(操作点云)：可合并及分割点云或网格面，工具栏见图 6-5。

• Scan Creation(创建交线)：可截取点云断面，获得自由边界等，工具栏见图 6-6。

图 6-5　"点云操作"工具栏

图 6-6　"创建交线"工具栏

- Curve Creation(创建曲线)：可由扫描线生成曲线或绘制 3D 曲线，工具栏见图 6-7。
- Cloud Analysis(点云分析)：可提供点云信息及偏差检测，工具栏见图 6-8。

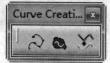

图 6-7　"创建曲线"工具栏

图 6-8　"点云分析"工具栏

6.2　点云数据

6.2.1　非接触式扫描厂家介绍

逆向扫描目前主要采用非接触方式进行扫描，非接触式扫描仪主要有手持式和非手持式两种方式，以下简单介绍这两种方式的生产代表厂家情况。

1. 网格天成公司

网格天成科技有限公司(wingotech)作为手持式扫描厂家的代表之一，一直专注于先进质量控制系统应用和计量解决方案开发，在汽车行业的质量控制与调谐测试方面具有十分丰富的经验。该公司一直面向汽车、航空航天、3C 消费品、铸造、塑胶、模具等领域客户提供最专业的检测、计量与质量控制的解决方案与服务。该公司的思看 PRINCE 手持式扫描精度可达 0.02mm。

2. GOM 公司

德国 GOM 公司作为一家跨国公司，一直致力于测量技术的研发和推广。GOM 以最新研究成果和创新技术为基础，开发、生产和销售关于工业和自动化三维坐标测量技术以及三维测试的软件、设备和系统。该公司生产的 ATOS 系列扫描设备，是非手持式的代表之一。其中最先进的有 ATOS ScanBox 系列光学扫描设备，具有自动扫描功能。

6.2.2　点云数据的由来

在产品开发和制造过程中，有些产品没有采用计算机辅助(CAD)进行设计，需对其建立数学模型，则需要获取其点云数据。目前获得点云的设备有非接触式测量设备和接触式测量设备。非接触式测量设备有图 6-9 所示的杭州思看科技有限公司研发、由网格天成科技有限公司负责销售的 PRINCE 系列手持式光学扫描设备和图 6-10 所示的 PRINCE 红蓝激光双模工作模式的扫描仪。

图 6-9　PRINCE 系列手持式光学扫描设备　　　图 6-10　PRINCE 红蓝激光双模
　　　　　　　　　　　　　　　　　　　　　　　　　　工作模式的扫描仪

　　PRINCE 非接触式测量设备的基本原理是利用激光照射在物体表面上所形成的激光图案，由上下两个摄像头进行同位移的捕捉，在图像中检测出其激光图案的形态和间断性，从而构成物体可见表面与扫描头之间的相对测度，完成物体表面几何形状的提取。这种方法的突出优点是扫描速度特别快，量测精度高。因此，在逆向工程中提取被测物体表面点云形态时，该设备成为了最主要的方式，得到广泛应用。

　　当然除了思看 PRINCE 扫描仪外，还有诸如图 6-11 所示的 ATOS SCANBOX 光学三维测试设备和图 6-12 所示的 Laser-RE 系列复合型激光扫描机等；触式测量设备有图 6-13 所示的三坐标测量仪等。目前测量设备的发展趋势是向着高速度、高精度、系统化、集成化、智能化的方向发展，CCD 相机、激光、CT 等非接触式方法越来越成为主要的测量方式。

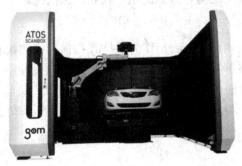

图 6-11　ATOS SCANBOX 光学三维测试设备

图 6-12　Laser-RE 系列复合型激光扫描机　　　图 6-13　三坐标测量仪

以思看 PRINCE 手持式三维激光扫描设备获得点云的过程为例，其系统是全球首创的红蓝激光双模工作模式的扫描仪，完美解决了行业痛点，兼顾手持式三维扫描仪的便携灵活高效以及拍照式三维扫描仪的高分辨率高细节度。扫描对象大到一架飞机，小到一枚硬币，都可以快速细致地完成扫描。其最小分别率可达 0.02 mm，是目前进口手持式三维扫描仪分辨率的 5 倍，大幅度提高了三维数据的细节度。

思看 PRINCE 手持式三维激光扫描具有双模工作模式，分别为 RED 标准扫描模式和 BLUE 超精细扫描模式，两种工作模式可以实时快速切换。其中 RED 标准扫描模式继承了传统手持激光三维扫描高效便捷的功能和效果；而 BLUE 超精细扫描模式则具备顶配拍照式三维扫描仪极佳的三维特征细节的特性。同时，上述两种工作模式扫描所获得的数据能集成在同一文件中，兼顾单次扫描数据的整体效率和局部细节。

在测量过程中，可以直接采用 PRINCE 手持式三维激光扫描进行扫描，先在被测量的物体表面贴上适量的参考点，通过相应的软件对其进行标定，然后开始对被测物体进行分布扫描，扫描过程中需注意过渡面以及测量头的测量范围不少于 4 个参考点。图 6-14 为 PRINCE 扫描工作情景，通过扫描后，从 PRINCE 输入的参考点点云数据如图 6-15 所示。

图 6-14　PRINCE 扫描工作情景

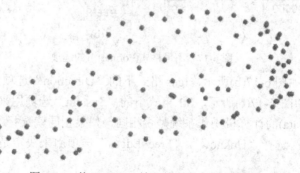

图 6-15　从 PRINCE 输入的参考点点云数据

随着光学技术的进步与发展，三维激光扫描仪早已不再局限于逆向工程领域的应用。结合其红蓝光双模扫描技术，手持式激光扫描仪现已广泛用于更精密的三维数据采集与测量工作，在汽车领域、航空航天、消费电子等工业领域正发挥着愈发重要的三维测量和质量控制的作用。

6.2.3　点云数据的导入和导出

单击 按钮会出现 Cloud Import 对话框，打开 CATIA 数字化设计 "G:\光盘资料\第六章实例\1kongtiaolvqingqi.stl"，如图 6-16 所示。

图 6-16　点云导入对话框

在"Format"下拉菜单中包括三种点数据格式：Atos、Iges 和 Stl。

• Atos 格式：如图 6-17(a)所示，Atos 格式下的"Minimal Point Quality"选项，用来清除 Atos 文件格式中无效的点(Invalid points)，导入点云是根据设置值将点云中所有小于该值的点清除。

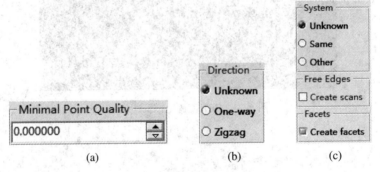

图 6-17　不同格式(Format)下的选项

• Iges 格式：如图 6-17(b)所示，Iges 格式下的"Direction"选项用来设置交线。

• Stl 格式：如图 6-17(c)所示，Stl 格式下的"System"选项用来选择本机计算机和产生此文件(Binary Data)的计算机操作系统是否相同，如果相同就选择"Same"，否则就选择"Other"，不确定时选择"Unknow"。"Free Edges"选项用来决定是否要产生三角网格面(Facet)。

单击 按钮选择点数据文件的路径，勾选"Statistics"选项可显示所导入点云的信息。

"Options"有下列几个选项：

• Sampling(%)：用来设置取样比例，即加载的点占原来点数据的百分比。

• Scale factor：用来改变模型的比例因子。

• File unit：用来设置导入点数据的单位。

单击 More >> 按钮可以进行其它设置，如图 6-18 所示。

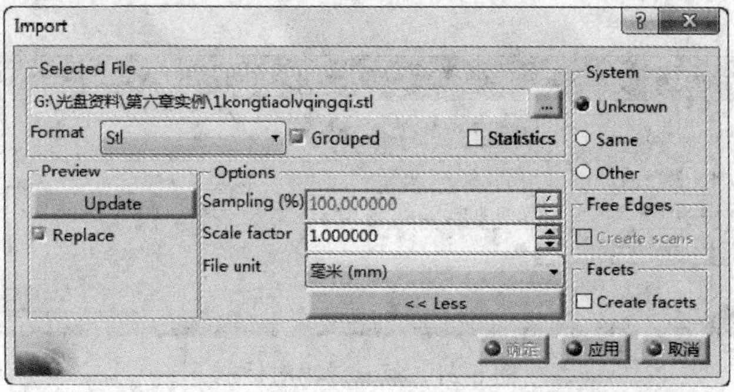

图 6-18　"点云导入" More 扩展对话框

Create facets：用于设置生成三角网格面与否。未选择 Create facets 时，导入情况如图 6-19 所示；选择 Create facets 时，导入情况如图 6-20 所示。

图 6-19　未选择 Create facets 时的点云

图 6-20　选择 Create facets 时的点云

单击 按钮，再单击欲导出的对象，将会弹出如图 6-21 所示的对话框，从中选择导出的文件路径。

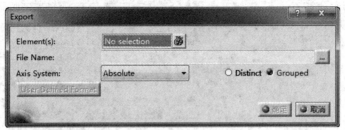

图 6-21　点云导出对话框

6.3　点云的编辑

6.3.1　激活点云

激活点云命令可直接通过点选点云或者圈选点云来选择点云的部分区域作为工作区域，操作如下：

(1) 单击 按钮后出现如图 6-22 所示的对话框。

(2) 点击鼠标左键将要独立出来的部分点云圈选出来，按住鼠标左键移动绿色的控制点可以改变圈选范围。

Mode 提供了四种圈选点云的方法：Pick、Trap、Brush 和 Flood。

- Pick：拾取点。

- Trap：单击鼠标左键；通过矩形、多边形和样条线来圈选点云。Trap Type 菜单提供了矩形(Rectangular)、多边形(Polygonal)和样条线(Spline)三种圈选模式。具体效果如图 6-23～图 6-25 所示。

图 6-22　"激活点云"对话框

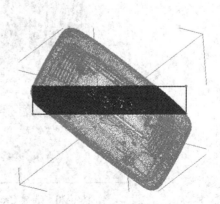

图 6-23　矩形选取点云

● Brush：按住鼠标左键，通过圆圈刷点云，刷到的部分即为要提取的部分点云。注意用 Brush 刷取点云前点云必须要经过 Mesh Creation 或在导入点云时在"More"菜单中选取"Create facets"选项，只有这样 Brush 命令才会生效。具体效果如图 6-26 所示。

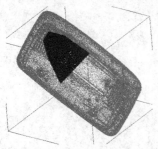

图 6-24　多边形选取点云　　　图 6-25　样条线方法选取点云　　　图 6-26　刷取点云

● Flood：单击鼠标左键拾取某一三角网格，则所在三角网格面上连续三角网格均被拾取。Selected Part 菜单可以选择获得圈内点云还是圈外点云，具体如图 6-27 所示。

(a)　圈内点云　　　　　　　　(b)　圈外点云

图 6-27　圈内和圈外点云选取情况

(3) 单击"Valid Trap"按钮使圈选生效，此时被选点云以红色显示。若是要选择多个区域，则在点击"Valid Trap"按钮后重复圈选步骤，最后点击"确定"按钮，屏幕上只显示待编辑的部分点云，但其它部分并未被删除，只是被隐藏起来。

(4) 完成操作后，再次点击 ▓ 按钮并点击刚才被圈选的点云，单击 Activate All 按钮恢复完整点云。

6.3.2　移除点云

在对物体进行测量的过程中，总会有一些额外的点被测量在内，这些点的作用主要是作为边界的缓冲区。为了避免所取得的轮廓形状不完整，后续工作中，最好在点云导入之后删除这些多余点。

(1) 单击 ▓ 按钮会出现如图 6-28 所示的对话框。

(2) 在"Remove"菜单中单击 Select All 按钮选择所有点，单击 Swap 按钮切换选取范围，即本来选中的点变为不选，本来不选中点的变为选中。Remove 的操作与 Activate 中的操作大致相同。详细讲解参考 6.3.1 章节。

(3) 完成后单击 ⬤确定 按钮确定移除操作并关闭对话框。这里需要注意的是，移除后的点云不能像激活点云那样可以恢复原来的点云。

图 6-28   移除点云对话框

6.3.3   过滤点云

由于激光扫描测量的点的数目非常庞大，如果直接对点云进行处理，将会造成文件过大，处理速度慢，费时而且整个过程也变得难以控制。实际上也并不是所有点的数据对模型重建都有用。因此，在保证一定精度的前提下减少数据量，即在曲面变化缓慢的地方点密度较稀疏，在曲率变化较大的地方需要密集取点，这样就减少了点的数据量。CATIA 的过滤命令(Filter)可实现该功能。

单击 按钮出现如图 6-29 所示的对话框。

• Homogenous：输入的数值为过滤球的半径。半径越大，点与点之间的距离也就越大。输入的值越大被过滤掉的点越多，输入的值越小被过滤掉的点越少。

• Adaptative：点与点之间的弦偏差量，数值越大，被滤掉的点越多。该方法可使曲面变化小的地方滤除较多的点，而变化的地方滤除的较少的点。建议选此选项！

注意：在过滤操作中，被过滤的点只是被隐藏，选中"Physical removal"复选框可把滤除的点真正删除。

具体操作如下：

(1) 单击 按钮会出现"Cloud Import"对话框，打开 CATIA 数字化设计"G:\光盘资料\第六章实例\1kongtiaolvqingqi.stl"，导入点云(详细讲解见 6.2.2 章节)，如图 6-30 所示。

图 6-29   过滤对话框

图 6-30   导入空调滤清器点云

(2) 单击██按钮并点击选择点云，具体如图 6-31 所示。

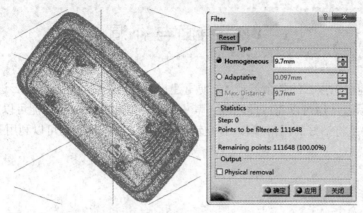

图 6-31 点云过滤设置前

(3) 根据具体情况选择"Homogenous"的数值，这里"Homogenous"分别为 2 和 4，具体情况如图 6-32 所示。

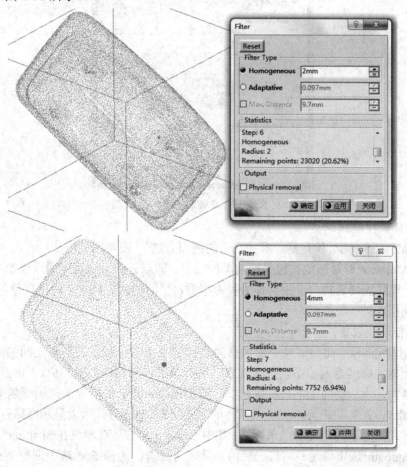

图 6-32 点云过滤"Homogenous"设置为数值 2 和 4 的情况

(4) 点击"确定"按钮完成点云过滤。

6.4 铺面与补洞

为了更好地辨识点云的各个特征，方便重建模型，需要将处理好的点云进行铺面。DSE模块提供了图示工具栏可以完成此功能，其中铺面(Mesh Creation)功能可以把点云铺成网格，偏移(Offset)是将铺好的网格偏移。若是铺出来的网格有破洞，则可以利用补洞(Fill Holes)功能填补破洞。

6.4.1 铺面

(1) 单击▣按钮并选择点云，出现如图 6-33 所示的对话框。

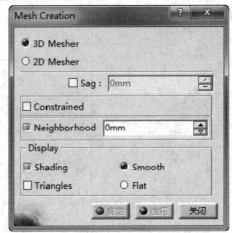

图 6-33 "铺面"对话框

(2) 选择执行模式。

• 3D Mesher：针对具有复杂形状点云的铺面方法(一般都用此方法)。

• 2D Mesher：针对形状比较平滑简单的点云，即点云的形状可以通过投影在一个平面上表示。此模式需要选择一个平面作为参考平面，平面的方向决定了网格质量的好坏(此模式一般不使用)。

(3) 其他选项设置。

• Neighborhood：此微调框中的数值为点云中小球的半径。若两点之间的距离大于输入值，则不能生成网格面。不勾选时则表示所有点都参与网格面的构成。其他选项默认即可。数值越大，点云铺面上的破洞就越少；数值越小，点云铺面上的破洞就越多。

• Display：此选项组可选择显示网格的方式。Shading 方式可以显示网格打光的情形；Triangles 方式则是单纯地显示三角网格；其中 Smooth 和 Flat 选项仅在 Shading 方式时起作用，选择 Smooth 选项可使网格打光后的曲面较为平滑；选择 Flat 选项则每个三角网格独立唯一个面。

(4) 设置完毕后按"应用"按钮进行预览，再单击"确定"按钮完成。

6.4.2 偏移

偏移命令主要实现偏移铺好的网格面。

(1) 单击 按钮，出现如图 6-34 所示的对话框。

图 6-34 网格偏移对话框

(2) 选择欲偏移的网格面，输入偏移值(Offest Value)，单击"应用"按钮预览结果。

(3) 若选中"Create scans"复选框，则偏移后的网格上会生成边界扫描线。

6.4.3 补洞

点云在进行铺面命令之后，会发现网格面上可能有破洞存在，对于局部的一些小洞，增加 Neighborhood 数值效果不佳，而且会影响整个网格面的精度，此时就可以利用补洞工具对局部的破洞进行修补。

(1) 点击 按钮并选择网格面，如图 6-35 所示。

(2) 此时 CATIA 自动识别出破洞，V 代表修补此洞，X 代表不修补此洞，用鼠标右键点击破洞的标识可以选择是否修补此破洞，如图 6-36 所示。

(3) 点击 按钮预览修补效果，单击 按钮完成修补。

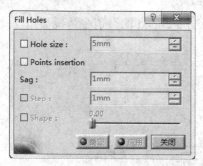

图 6-35 补洞对话框

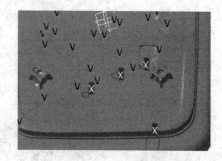

图 6-36 补洞效果

6.5 点云导入的综合实例

下面通过一个例子来总结一下点云导入的过程：

(1) 单击 按钮，导入点云(打开 CATIA 数字化设计 "G:\光盘资料\第六章实例\1kongtiaolvqingqi.stl)"，如图 6-37 所示。

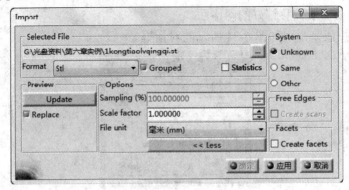

图 6-37 导入点云对话框

(2) 在导入点云后，点击图 6-37 中的"应用"按钮，其点云导入结果如图 6-38 所示。

图 6-38 导入点云结果

(3) 单击 按钮，执行 Mesh Creation 命令，Neighborhood 的数值视情况而定，此处选定为"7.5 mm"，具体如图 6-39 所示。

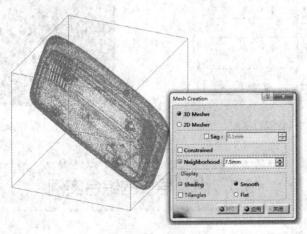

图 6-39 网格划分过程

(4) 点击图 6-39 中的"应用"按钮，网格划分结果如图 6-40 所示。

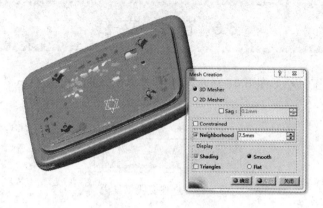

图 6-40 网格划分结果

(5) 单击 按钮，执行 Fill Holes 命令，具体如图 6-41 所示。

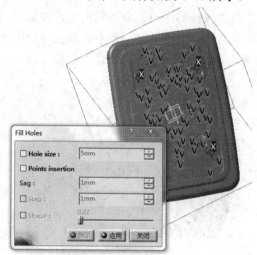

图 6-41 补洞过程

(6) 点击图 6-41 中的"应用"按钮，补洞结果如图 6-42 所示。

图 6-42 补洞结果

6.6 创 建 交 线

创建交线命令工具栏如图 6-43 所示，常用的命令为曲线投影(Curve Projection)和截面线(Planer Sections)。

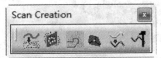

图 6-43　创建交线工具栏

6.6.1　曲线投影

此命令可以将空间中的曲线投影到点云或网格面上，投影的曲线可以由许多不联系曲线构成。投影时，空间曲线离散为很多个点，每个离散点再投影到点云上。

(1) 打开 CATIA 数字化设计 "G:\光盘资料\第六章实例\curve projection.CATPart"，如图 6-44 所示。

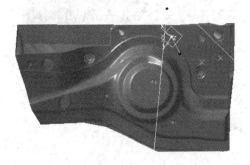

图 6-44　打开"curve projection"文件的点云图

(2) 单击 🔧 按钮，并点击曲线(圆上的直线)及点云，点击"应用"按钮，具体如图 6-45 所示。

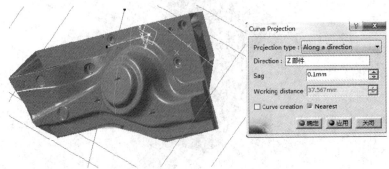

图 6-45　曲线投影情况

(3) 将曲线投影在点云上时，投影方向只能选择"Along a direction"；若是投影在网格上，则有图 6-46 所示的投影选项。

(4) "Sag"选项可以设置曲线的离散程度；"Working distance"是投影延伸的距离，数值越小，精度越高。

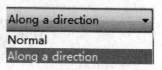

(5) 选择"Curve creation"选项只会生成曲线而没有交线；不选择该项时只会产生交线。

图 6-46 投影选项

(6) 单击"确定"按钮，完成曲线投影。

6.6.2 截面线

截面线(Planar Sections)工具可以在点云或网格面上打截面，从而获取断面交线。

(1) 打开 CATIA 数字化设计"G:\光盘资料\第六章实例\planar sections.CATPart"，具体如图 6-47 所示。

图 6-47 打开"planar sections"文件

(2) 单击 按钮，并点击点云，具体情况如图 6-48 所示。

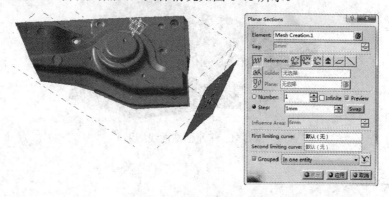

图 6-48 截面线命令设置

(3) 设置对话框中其它选项。

• Number：分割点云的平面数目。

• Step：设定平面和平面之间的距离。

• Reference：选择不同的参考平面。单击 、 或 按钮可以选择基准面作为参考面；单击罗盘按钮 可以用罗盘定义参考平面；单击 按钮可以选择已有平面作为参考平面。

(4) 视情况选择"Number"和"Step"的数值。在这里取"Number"的数值为"8"，"Step"的数值为"48"，其结果如图 6-49 所示。

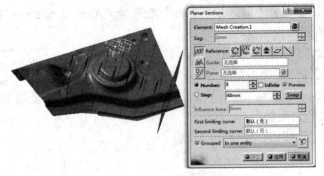

图 6-49　多平面截面线

(5) 点击图 6-49 中的"应用"按钮，结果如图 6-50 所示。

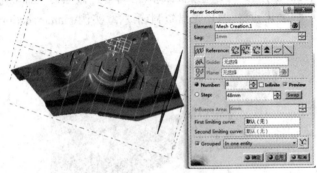

图 6-50　多平面截面线应用

(6) 点击图 6-50 中的"确定"按钮，结果如图 6-51 所示。

图 6-51　多平面截面线结果

6.6.3　点云交线

点云交线(Scan on Cloud)功能可手动从点云中选取数点连接成交线(也可在网格面上的取点)。

鼠标单击取点，双击可确定交线的创建。创建过程中按住 Ctrl 键可预览交线的轨迹。

6.6.4　自由边界

自由边界(Free Edges)工具可将网格面的整个自由边界/选定边界提取为交线，而提取的交线直接生成为曲线。

由于提取的交线通常不平滑，因此不推荐使用！

6.6.5 曲线离散化

曲线离散化(Discretize Curves)工具可利用网格面上已存在的曲线重新生成点云特征线，点的数量可在输入框中修改。

6.7 创 建 曲 线

创建曲线工具栏命令如图 6-52 所示，由 ⌒(3D 曲线)、 ◉(网络面曲线)和 ✕(交线曲线)构成。

图 6-52　创建曲线工具栏

6.7.1　3D 曲线

3D 曲线(3D Curves)命令可以在点云空间产生 3D 曲线，操作如下：

(1) 单击 ⌒ 按钮，出现如图 6-53 所示的对话框。

(2) "创建类型"的下拉列表中可以选择曲线的创建类型，共三种：

• 通过点：以鼠标单击点作为曲线通过的点创建曲线，如图 6-54 所示。

• 控制点：取点位置为 3D 曲线的控制点。

• 近接点：改变 3D 曲线的阶次(较复杂)。

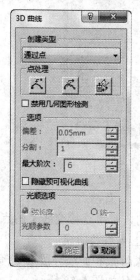

图 6-53　"3D 曲线"对话框

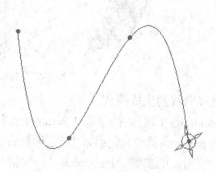

图 6-54　3D 曲线

(3) 进行点处理(可编辑 3D 曲线)。

- 插入点 ⚒ ：在现有的两点间添加新点。
- 删除点 ⚒ ：删除曲线上某点。
- 释放或约束点 ⚒ ：对 3D 曲线上的点进行释放或约束处理。

(4) 单击"确定"按钮生成曲线。如需对曲线进行编辑，则可双击曲线返回编辑模式。

6.7.2 网格面曲线

网格面曲线(Curve on Mesh)工具可在网格面上绘制曲线。

6.7.3 交线曲线

交线曲线(Curve from Scan)命令可以将交线提取出来转化为曲线，操作如下：

(1) 打开 CATIA 数字化设计"G:\光盘资料\第六章实例\curve from scan.CATPart"，具体如图 6-55 所示。

(2) 参考 6.6.2 章节，创建截面线，结果如图 6-56 所示。

图 6-55   curve from scan 三维   图 6-56   创建截面线

(3) 单击 ⚒ 按钮，并单击曲线，出现如图 6-57 所示的对话框。

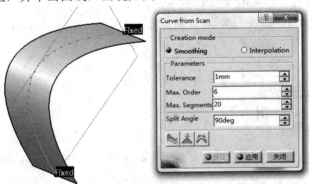

图 6-57   提取交线曲线

(4) 选择曲线的生成模式。

- Smoothing(平滑)：在参数"Parameters"设定范围内，平滑连接交线上的点。
- Interpolation(插值)：交线的点之间进行插值运算后生成点及曲线。

(5) 设置曲线的参数"Parameters"：包括公差值、最大阶数和曲线分段准则(角度)。

(6) 在曲线上选取需要提取的曲线部分的两端端点，具体如图 6-58 所示。

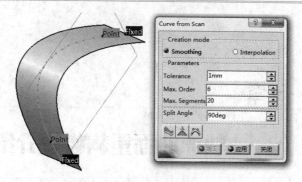

图 6-58　提取曲线端点

(7) 点击"应用"按钮。

(8) 点击 ⬛ 可对生成曲线的曲率进行分析，具体如图 6-59 所示。

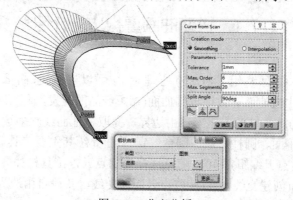

图 6-59　曲率分析

(9) 点击"更多"选项，可以视情况修改相应数据或者选择默认数据，对话框如图 6-60 所示。

(10) 点击"确定"按钮，结果如图 6-61 所示。

图 6-60　"箭状曲率"对话框　　　　　图 6-61　提取交线曲线结果

注：(1) 在曲线质量允许条件下，公差值(Tolerance)尽可能取小！

(2) 单击交线上某位置可创建新点，曲线也将被分段，光标手势由 ⬛ 转变为 ⬛ 后，可对该点进行删减、强加切线连续等操作，也可删除端点(Fixed)。曲线创建好后，可将不必要的交线隐藏，以方便后续的操作。

第七章

快速曲面重构模块介绍

7.1　快速曲面重构功能介绍

　　点云经过数字曲面编辑器(DSE)处理后，可以在快速曲面重构(Quick Surface Reconstruction)模块中快速而有效地重构曲面(缩短产品的开发流程)。快速曲面重构模块拥有强大的曲面重构功能，包括：建立自由边界、提取特征曲线、多边界重构自由曲面、辨识与重建基本曲面(平面、圆柱、球、圆台等)。下面介绍其主要工具。

- Cloud Edition(点云编辑)：可以随意选择局部点云，工具栏如图 7-1 所示。
- Scan Creation(创建交线)：可截取点云断面交线、获得自由边界等，工具栏如图 7-2 所示。
- Curve Creation(创建曲线)：可由扫描线生成曲线或绘制 3D 曲线，工具栏如图 7-3 所示。

图 7-1　"点云编辑"工具栏　　　图 7-2　"创建交线"工具栏　　　图 7-3　"创建曲线"工具栏

- Domain Creation(创建轮廓)：可由现成的曲线构造封闭轮廓，为创建曲面作准备，工具栏如图 7-4 所示。
- Surface Creation(创建曲面)：由轮廓线与点云(网格面)构造曲面，工具栏如图 7-5 所示。
- Operations(曲线曲面操作)：对曲线曲面进行结合、切割等操作，工具栏如图 7-6 所示。

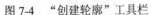 

图 7-4　"创建轮廓"工具栏　　　　　　　图 7-5　"创建曲面"工具栏

图 7-6　"曲线曲面操作"工具栏

- Cloud Segmentation(划分点云)：可智能划分点云特征线(根据点云表面的曲率或者斜度划分)，工具栏如图 7-7 所示。
- Cloud Analysis(点云分析)：可以对点云、曲线和曲面进行品质分析，工具栏如图 7-8 所示。

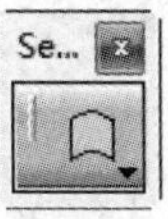

图 7-7　"划分点云"工具栏　　　　　　图 7-8　"点云分析"工具栏

7.2　点云编辑

点云编辑主要利用点云激活对图形区中的点云或网格面进行局部激活或全部显示操作。详细讲解可参考 6.3.1 节。

7.3　创建交线

创建交线即在点云或网格面上生成交线，为曲线的创建做准备，主要包括曲线投影、截面线、自由边界。详细讲解可参考 6.5 节。

7.4　创建曲线

创建曲线即在图形区内创建出曲线，主要包括 3D 曲线、网格面曲线、交线曲线、相交和投影等。详细讲解可参考 2.3 节和 6.6 节。

7.5　创建轮廓

创建轮廓工具栏包含两个命令：创建规则轮廓(Clean Contour)和网格曲线(Curves Network)。

7.5.1　创建规则轮廓

在点云上绘制好曲线后，利用该命令由一些相交的曲线构造规则轮廓，具体操作如下：
(1) 打开 CATIA 数字化设计"G:\光盘资料\第七章实例\1Network.CATPart"。

(2) 点击 按钮,出现如图 7-9 所示的对话框。

图 7-9　创建规则轮廓对话框

(3) 选择用来创建轮廓的曲线,此时每条曲线都会被显示默认的约束,如图 7-10 所示。

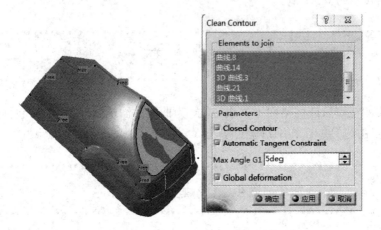

图 7-10　选取轮廓曲线

(4) 若要改变约束方式,则可以直接点击标示,或用鼠标右键从菜单中选择,如图 7-11 所示。其中"Fixed"表示创建轮廓时将选定的曲线固定为轮廓的一条边;"Free"则表示无此约束。当选择不同的约束方式时生成的曲线会发生改变,如图 7-12 所示。

图 7-11　轮廓线约束方式　　　　图 7-12　不同约束方式的不同轮廓线

(5) 要移除选项列表中的曲线时,可以直接单击该曲线或选择列表中的曲线名,用鼠标右键选择"Remove"选项进行移除,如图 7-13 所示。

（6）选择"Closed Contour"复选框时，创建的轮廓为封闭轮廓，反之则轮廓是开口的。

（7）若选择"Automatic Tangent Constraint"复选框，则当轮廓曲线之间的夹角大于设定的最大 G1 角(Max Angle G1)时曲线间为点连续；反之则将两曲线约束为相切连续。

（8）若选中"Global deformation"复选框，则由各条曲线生成轮廓曲线所产生的变形会分配到整个轮廓曲线上。

（9）点击"应用"按钮，轮廓曲线会以绿色显示，单击"确定"按钮，结果如图 7-14 所示。

图 7-13　轮廓线移除

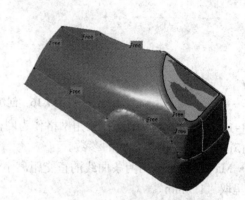

图 7-14　创建轮廓线结果

7.5.2　网格曲线

网格曲线是指一组封闭且相连的轮廓曲线(线框)。此工具即利用现有的曲线构造网格曲线，为后续构造网格曲面作准备(与 Surfaces Network 搭配使用)。

（1）打开 CATIA 数字化设计"G:\光盘资料\第七章实例\1Network.CATPart"。

（2）点击 按钮，出现图 7-15 所示的对话框，对话框包含四个列表菜单：Preparation、Constraints、Freeze 和 Display。

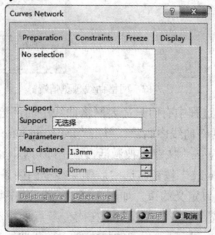

图 7-15　网格曲线对话框

(3) 在"Preparation"菜单中选择用来创建网格的曲线，选择的曲线会出现在列表中，若要移除已选曲线，则可重复点击该曲线或在列表中用鼠标右键选择"Remove"，如图 7-16 所示。

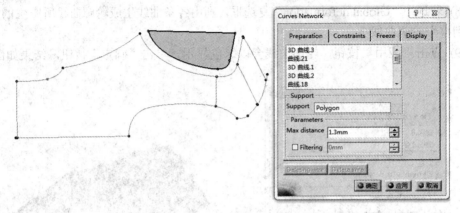

图 7-16　创建网格曲线

(4) 在"Support"中选择三角网格作为网格曲线的支承面。

(5) 设置创建网格曲线的参数。

• Max distance：当两条曲线的正交距离小于此设定值时，系统就认为这两条曲线相交。在这里取"1.3 mm"。

• Filtering：生成曲线的最小长度值，长度小于此值的曲线将不显示。

(6) 点击"应用"按钮进行预览，当曲线没有重叠时，系统计算网格曲线并以绿色显示，且"Deleting wire"按钮被激活，结果如图 7-17 所示。

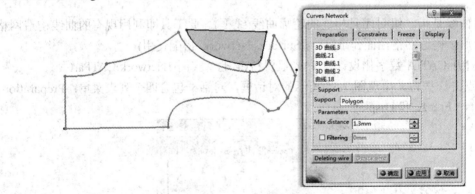

图 7-17　网格曲线预览情况

(7) 在后续创建曲面的过程中有时只需要网格曲线中的部分线框，用"Delete wire"按钮就可以把选定的线框从网格曲线中删除。单击"Deleting wire"按钮，网格曲线的外圈线框高亮显示，此时"Delete wire"按钮也被激活，点击即可删除此线框；若还需删除其他线框，则再次点击"Deleting wire"按钮，选中欲删除线框的两条边界即可将其选中。

(8) 进入 Constraints 菜单定义约束，如图 7-18 所示，其中包含如下参数：

• Node tolerance：系统判别多条曲线是否在同一节点处相连的最大距离值。

• Automatic tangency：设置自动相切的最大值，当两曲线夹角小于此值时，系统自动定义两曲线相切。

- Projection on support：系统根据曲线在三角网格面上的投影对网络曲线进行平滑处理，Smoothing tolerance 可以设置平滑程度。
- "Default constraints" 按钮：点击则可恢复默认约束。

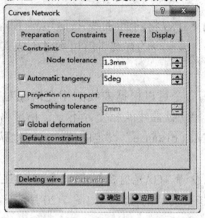

图 7-18 约束菜单设置

(9) 进入 Freeze 菜单定义一些形状不能变化的曲线，直接点击曲线可将其锁定，重复点击即可取消锁定。

(10) Display 菜单：用于显示距离、偏差和曲率等信息。

(11) 点击"确定"按钮，会弹出如图 7-19 所示的窗口，点击"是"按钮，完成创建。

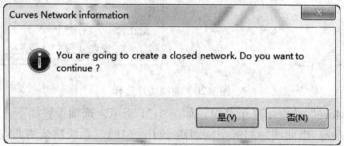

图 7-19 曲线网格信息弹出框

7.6 曲线/曲面操作

在点云上绘制的曲线一般都很杂乱，不利于构面，利用此工具栏，可以对曲线进行切片，调整曲线节点，分割规则轮廓，还可以对曲线/曲面进行分割修剪、延伸、拼合等操作。

1. 曲线/曲面的拼合

曲线/曲面的拼合(Join)命令可以将多条曲线或多个曲面进行拼合，使其成为一个对象。该命令的详细讲解可参考创成式外形设计模块。

2．曲线/曲面的切割与修剪

曲线/曲面的切割与修剪(Split)这两个命令可以对几何元素进行切除的操作，分割是利用分割元素切除本体，而修剪则是利用两个几何元素相交互相切除。

3．曲面延伸

曲面延伸(Extrapolate)命令可以将曲面(曲线)按照边界(顶点)进行延伸,可以定义延伸的连续类型、延伸长度和方向。该命令的详细讲解可参考创成式外形设计模块。

4．曲线切片

曲线切片(Curves Slice)命令可以根据曲线的相交情况对曲线进行切片，即利用曲线的交点将曲线分为许多小段。此处曲线的相交并不一定指严格相交，只要两条曲线在某一视角相交且空间距离小于"Max distance"设定的值，系统就默认两条曲线相交，具体操作如下:

(1) 打开 CATIA 数字化设计"G:\光盘资料\第七章实例\2Curves Slice.CATPart"。

(2) 点击＼按钮，并选择要切片的曲线，如图 7-20 所示，已选曲线会显示在列表中，再次单击曲线即可将其移除。

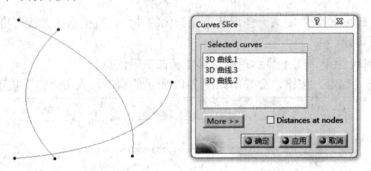

图 7-20 曲线切片选择

(3) 单击"More"按钮出现子菜单，如图 7-21 所示，选项设置如下:

• Max distance：当曲线之间的空间距离小于此值时，系统默认两曲线相交。

• Min length：曲线切片之后可能会生成长度很小的曲线段，此处可以设定曲线最小长度值，系统将隐藏长度小于此值的曲线。

图 7-21 曲线切片设置

（4）单击"应用"按钮，若曲线不相交，此时可以通过设定"Max distance"的值使其相交。

（5）点击"确定"按钮，结果如图 7-22 所示。出现的曲线段是新生成的，原来选择的曲线则被隐藏。

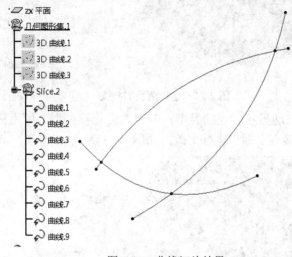

图 7-22　曲线切片结果

5．调整节点

通过网格曲线重建曲面时，由于曲线在节点处的连续性难以保证，因此很难得到光顺的曲面。此功能可以通过调整节点(Adjust Nodes)，使各曲线在节点处相连即达到 G0 连续，还可以使各曲线在节点处相切于同一切平面，达到 G1 连续，从而保证曲面的质量。具体操作如下：

（1）打开 CATIA 数字化设计"G:\光盘资料\第七章实例\1Network.CATPart"，点击 ⌒ 按钮，出现如图 7-23 所示的对话框。

图 7-23　调整节点对话框

（2）选择需要调整的曲线，已选择的曲线会显示在对话框列表中，再次单击此曲线可取消选择，如图 7-24 所示。

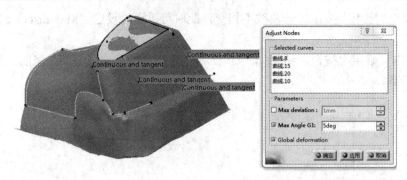

图 7-24　选择调整的曲线

(3) 曲线被选中会自动显示其连续类型；若要改变连续类型，可用鼠标右键点击标识从菜单中选择，或者直接点击标识进行更改，如图 7-25 所示。

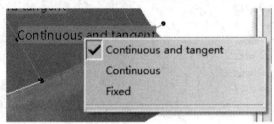

图 7-25　选择曲线连续类型

- Continuous and tangent：使曲线保持 G0 连续，并且曲线在节点处与切平面相切。
- Continuous：仅使曲线保持 G0 连续。
- Fixed：锁定曲线，使其不发生变形。

(4) 在"Parameters"选项组可以设置曲线变形的参数，具体如下：

- Max deviation：设置曲线变形的最大误差，如果变形误差超过此值，系统将显示错误信息。

- Max Angle G1：设置最大相切角，当两条曲线在端点处的相切夹角小于此值时，系统将强制两条曲线在端点处相切。

- Global deformation：默认状态下，曲线产生的变形只限于端点处，选中此项可使曲线将变形均匀分布于整条曲线。

(5) 单击"应用"按钮预览调整结果，调整后的曲线呈高亮显示，同时显示节点处的切平面及曲线变形的最大误差。

(6) 点击"确定"按钮。

6. 净轮廓切割

净轮廓切割功能可以利用一条曲线将一个封闭的净轮廓切割为两个开放的净轮廓。在利用 Power Fit 命令拟合曲面时，有时面的精度达不到要求，此时就能利用此工具将净轮廓分割为两部分，再单独拟合曲面。这样可以提高曲面的精度，满足精度要求，具体操作如下：

(1) 打开 CATIA 数字化设计 "G:\光盘资料\第七章实例\3split clean contour.CATPart"。

(2) 点击 按钮，弹出图 7-26 所示的对话框。

图 7-26　净轮廓对话框

(3) 选择欲分割的净轮廓，可以点击轮廓的一个顶点来选择，也可依次选择各个部分来选择轮廓。注意此处的净轮廓必须为封闭，否则系统会显示轮廓的间隙值，并出现一个对话框提示用户净轮廓必须是封闭的。

(4) 在"Cutting elements"中选择切割元素(此例中为曲线)，具体如图 7-27 所示，切割元素必须满足以下条件：

• 切割元素必须与封闭轮廓相交(当切割元素与轮廓的空间距离小于 Max distance 所设定的值时，系统默认两者相交)，否则系统将不执行分割操作，并显示分割元素与轮廓的最大间隙值，转换视角可以看到曲线间的空间距离，此时可设置更大的"Max distance"值。

• 切割元素与轮廓的交点有且仅有两个，否则将无法执行切割操作。

• 当切割元素也为封闭轮廓时，系统将无法对其进行操作。

• 切割元素可以由多条曲线组成，但这些曲线必须相连，当曲线间有间隙时会出现警告对话框。

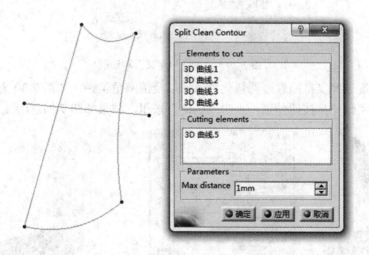

图 7-27　净轮廓操作设置

(5) 单击"应用"按钮预览，点击"确定"按钮，其结果如图 7-28 所示。

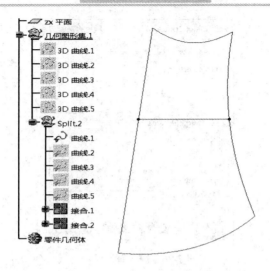

图 7-28 净轮廓结果

7. 边界倒角

边界倒角(Edge Fillet)命令可以对棱边进行倒角，操作如下：

(1) 打开 CATIA 数字化设计 "G:\光盘资料\第七章实例\4Edge Fillet.CATPart"。

(2) 点击 按钮，弹出图 7-29 所示的对话框。

图 7-29 "倒圆角定义"对话框

(3) 视情况选择支持面、要圆角化的对象以及倒圆角半径，如图 7-30 所示。

(4) 单击"预览"按钮预览，点击"确定"按钮，结果如图 7-31 所示。

图 7-30 倒圆角参数设置

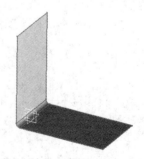

图 7-31 倒圆角结果

7.7 创 建 曲 面

创建曲面工具栏可以辨识及重建曲面，能够快速而有效地重构曲面，共包含五个命令：基本曲面辨识(Basic Surface Recognition)、强力拟合(Power Fit)、多截面曲面(Multi-sections Surface)、网格曲面(Surfaces Network)和自动生成曲面(Automatic Surface)。

7.7.1 基本曲面辨识

当点云上的局部点云为某些规则的几何曲面(如平面、球面、圆柱面或圆锥面)时，可以利用基本曲面辨识工具对其进行辨识，并自动拟合为相应的规则几何曲面，具体操作如下：

(1) 打开 CATIA 数字化设计 "G:\光盘资料\第七章实例\5Basic surface recognition. CATPart"。

(2) 单击 按钮，并选择点云，出现如图 7-32 所示的对话框。

(3) 在 "Method" 选项组中选择基本曲面的类型，可以直接选择 Plane(平面)、Cylinder(圆柱面)或 Cone(锥面)等，也可以选择 Automatic 选项让系统自动辨识，在此例中选择 Sphere(球面)。

图 7-32 基本曲面辨识对话框

(4) 在对话框中可设置几何曲面的属性参数，具体如下：

• Radius：勾选此复选框可以设置生成的几何曲面的半径，适用于球面和圆柱面。

• Axis：勾选此复选框可以设置生成的几何曲面的轴线方向，适用于平面及圆柱面。

• Center：勾选此复选框可以设置生成的几何曲面的中心，适用于球面和圆柱面。

• Max plane error：可以设置最大平面误差，此项只适用于自动识别(Automatic)。

(5) 点击 "应用" 按钮预览结果，如图 7-33 所示。

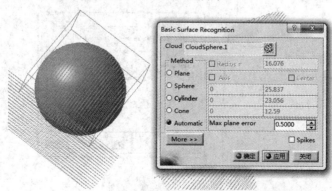

图 7-33 自动识别预览

(6) 点击"确定"按钮，结果如图 7-34 所示。

图 7-34　球面自动识别结果

(7) 分别依次重复以上操作，结果如图 7-35 所示。

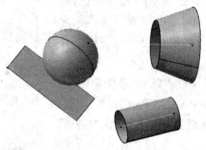

图 7-35　自动识别结果

7.7.2　强力拟合

强力拟合工具可将局部点云拟合为自由曲面，即由构成边界的曲线+内部的网格面/点云拟合成曲面，在逆向设计中的使用频率较高。

(1) 打开 CATIA 数字化设计"G:\光盘资料\第七章实例\6power fit.CATPart"。

(2) 点击 按钮并选择网格面，出现如图 7-36 所示的对话框。

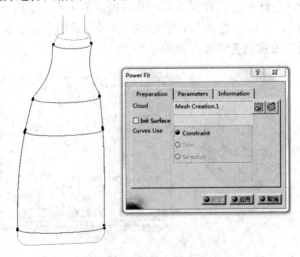

图 7-36　强力拟合对话框

(3) "Preparation" 子菜单中包括以下设置：

• Cloud：当选中点云或网格面进行拟合时，此项会显示点云或网格面的名称。

• Init Surface：当选中此复选框时，可以指定一个初始曲面，这个曲面给出了所生成曲面的形状，便于系统计算。

• Curves Use(轮廓曲线)：选择此项作为约束条件时，共有如下三种约束方式：

a．Constraint：输入的曲线对生成的曲面边界的连续性进行约束。一般默认点连续，当输入曲线为其他曲面的边界时，可以设置生成曲面在此边界处与其所在曲面相切。

b．Trim：曲面生成之后，将曲线投影到曲面上并根据投影线对曲面进行修剪，曲线不对生成曲面产生约束。

c．Selection：拟合曲面时只对输入曲线内部的点进行计算，对生成曲面形状及边界连续性都不产生约束。

(4) 在"Preparation"子菜单下，选取封闭轮廓曲线，如图 7-37 所示。

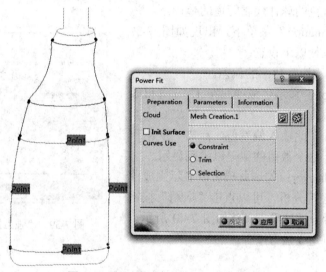

图 7-37　强力拟合 Preparation 子菜单

(5) 在"Parameters"子菜单下，出现如图 7-38 所示的对话框，包括以下设置：

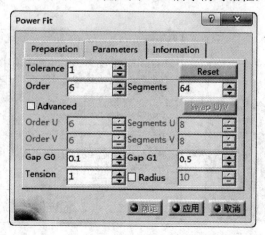

图 7-38　强力拟合 Parameters 子菜单

- Tolerance：设置拟合曲面平均曲面的最大值。

- Order 和 Segments：设置生成曲面的阶数(Order)及段数(Segments)，这里设定的参数是一个最大值，实际的数值由系统自动计算而得。生成曲面的阶数范围为 3～15，曲面段数默认值为 64，最大可设置为 2048。

- Advanced：勾选此复选框可以强行定义生成曲面在 U 方向和 V 方向的阶数和段数。点击"Swap U/V"按钮可以在 U 和 V 两个方向之间切换。

- Gap G0：设置曲面与边界曲线的间距值。

- Gap G1：设置两个相接面的切向偏差值。

- Tension：设置曲面的张紧度，值越大则张紧度越小，生成的曲面越平滑。但是由于曲面形状取决于点云，张紧度的影响十分有限。

- Radius：当点云存在很多噪声点时，曲面在边界处容易产生波动，勾选此复选框可以将曲线上圆形管道内的点删除。在空格内可设置圆形管道的半径，设置好后在曲线的端点处会出现一个蓝色的球体代表管道的半径。

(6) 在"Information"菜单下，出现如图 7-39 所示的对话框，包括以下设置：

- Spikes：显示计算曲面的偏差。

- Segmentation：显示生成曲面在 U 方向和 V 方向的阶数和段数。

- Deviation：在此输入偏差值，点击"应用"按钮后可以将大于这个数值的偏差以尖刺显示。

- Connect Checker：勾选此项可以显示生成曲面与已有曲面的连接分析，可以点击"应用"按钮在下方空白处显示分析结果，具体如图 7-40 所示，单击"确定"按钮完成强力拟合。

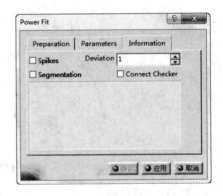

图 7-39   "强力拟合"对话框

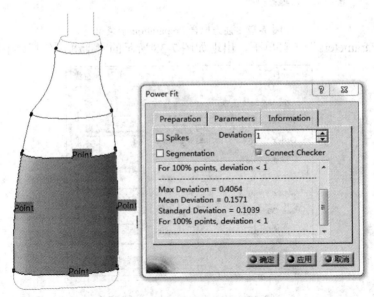

图 7-40   强力拟合"Information"确认信息

注意：

(1) 强力拟合后，需要将全部点云重新激活。

(2) "Parameters" 子菜单中 "Tolerance" 设置为 0.01～1，曲面质量许可的情况下，取下限(拟合曲面平均偏差的最大值)。

7.7.3　多截面曲面

多截面曲面工具可以根据多个不同轮廓，通过系统自动计算以渐变的方式产生连接曲面，操作如下：

(1) 打开 CATIA 数字化设计 "G:\光盘资料\第七章实例\7Multi-sections surface.CATPart"。

(2) 点击按钮，出现图 7-41 所示的对话框。

图 7-41　"多截面曲面定义"对话框

(3) 依次选择生成多截面曲面的各曲线，如图 7-42 所示。

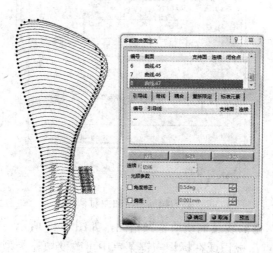

图 7-42　多截面曲面设置

(4) 单击"预览"按钮预览曲面形状，如图 7-43 所示，点击"确定"按钮。

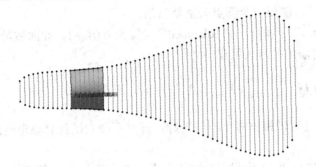

图 7-43　多截面曲面操作过程

注：多截面曲面之间的区域可以通过桥接方式连接，两端可以通过两次"曲线+填充"方式创建曲面。(分段为提高生成曲面质量！)

注意各曲线轮廓的方向！(曲线端点处的箭头方向要一致。)

7.7.4　网格曲面

网格曲面(Surfaces network)工具可以由已有的网格曲线(参考 7.5.2 节)生成网格曲面，具体操作如下：

(1) 打开 CATIA 数字化设计"G:\光盘资料\第七章实例\8Surfaces Network.CATPart"。

(2) 点击 按钮，出现如图 7-44 所示的对话框。

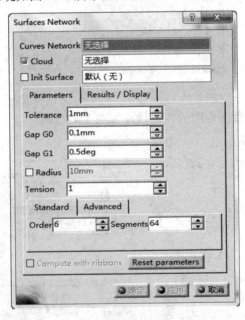

图 7-44　网格曲面对话框

(3) 选择已有的网格曲线及曲线所在网格面，如图 7-45 所示；绿色标识 V 表示其所在线框将被填充，直接点击标识或在标识右键菜单中可改变填充类型，如图 7-46 所示，取消填充后线框内标识变成红色 X。

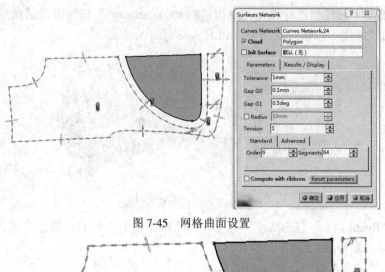

图 7-45　网格曲面设置

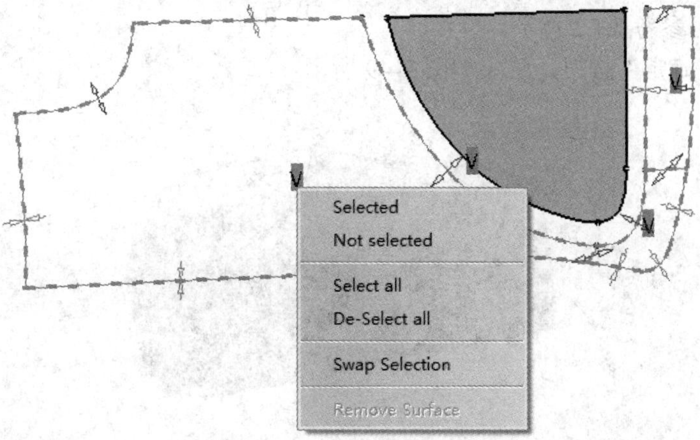

图 7-46　网格曲面操作

（4）在图 7-45 所示的对话框中勾选 "Cloud" 项可以选择点云或网格面，在生成网格曲面时可以作为参考，"Init Surface" 复选框可以设置初始平面，上述两项可以改善生成曲面的精度，但并非必须选择项。

（5）点击两个线框公共边界处的箭头可设置由各个线框生成的曲面的连续性，如图 7-47所示。

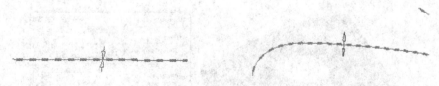

　　(a)　两个线框生成的曲面之间为点连续　　　　(b)　两个线框生成的曲面之间为相切连续

图 7-47　曲面间连续性设置

（6）在 "Parameters" 子菜单中可以设置生成曲面的参数，具体方法参考 7.7.2 节。当 "Cloud" 项被选中且网格曲线各线框之间约束为相切连续时，"Computer with ribbons" 复选框可以被选择，系统将线框曲线投影到点云(或网格面)上，并在点云上围绕投影生成一个相切带，然后再对线框进行填充。点击"Reset parameters"按钮可以重设参数。

(7) 点击"应用"按钮预览结果，如图 7-48 所示。

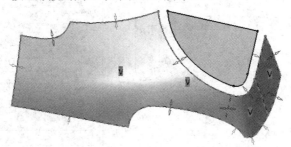

图 7-48　网格曲面预览情况

(8) 在"Results"或"Display"子菜单中可以显示生成曲面的偏差信息，并能设置显示选项，具体可参考 7.7.2 章节。

(9) 单击"确定"按钮，结果如图 7-49 所示。

图 7-49　网格曲面与点云对照情况

7.7.5　自动生成曲面

自动生成曲面的步骤如下：

(1) 打开 CATIA 数字化设计"G:\光盘资料\第七章实例\9Automatic Surface.CATPart"。

(2) 点击◎按钮，并点击网格面，如图 7-50 所示。

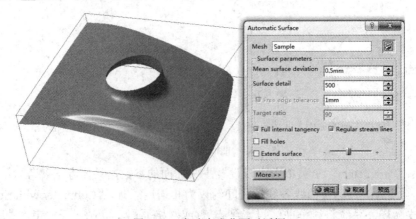

图 7-50　自动生成曲面对话框

(3) 点击"预览"按钮，如图 7-51 所示，再点击"确定"按钮。

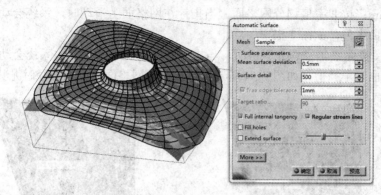

图 7-51　自动生成曲面拟合情况

7.8　划 分 点 云

对于一些复杂曲面，在曲面重构时一般都要先进行拆面，也就是将点云划分为各个区域单独构面。此功能组可以根据三角网格的曲率变化或斜率变化在面上生成扫描线，从而划分网格面，此命令在不规则点云的曲面重构中起着很重要的作用。

7.8.1　曲率划分

曲率划分(Segmentation by Curvature)命令可以分析三角网格面的曲率变化，从而在网格面上划分区域，具体操作如下：

(1) 打开 CATIA 数字化设计"G:\光盘资料\第七章实例\10Segmentation.CATPart"。

(2) 点击 ⌂ 按钮并选择网格面，出现图 7-52 所示的对话框。

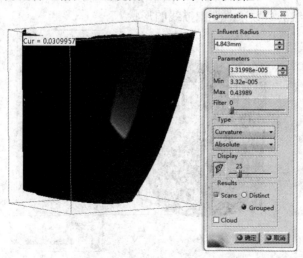

图 7-52　曲率划分对话框

(3) 在"Type"选项组中选择划分类型，有"Curvature"和"Radius"两种，其含义如下：

• Curvature：按曲率值划分网格面，当指针在网格面上滑动时，系统会动态地显示指针处网格面的曲率值，如图 7-53 所示。

• Radius：按曲率半径划分网格面，当指针在网格面上滑动时，系统会动态地显示指针处网格面的曲率半径值，如图 7-54 所示，这在获取网格面的倒角半径时尤其有用。

图 7-53　按曲率值选择　　　　　　　图 7-54　按曲率半径值选择

当选择 Curvature 时，有五种曲率类型可供选择，具体如下：

• Maximum：最大曲率，通过网格面上的给定点及给定点处面的法线方向可形成一平面，这个平面与网格面相交产生一曲线，给定点在曲线上的曲率值即为此点在曲面上的曲率，而生成的平面并非唯一，可以绕着法线方向旋转，因而给定点处的曲率也会由于相交曲线的改变而在两个极值之间变化，其中的极大值即为最大曲率(KM)。

• Minimum：给定点处曲率的极小值即为最小曲率(Km)。

• Absolute：曲率绝对值，计算公式为|KM|+|Km|，可以用来检测给定点处局部曲面的平面性，此值接近 0 即表示局部曲面趋向于平面。

• Mean：平均曲率，其计算公式为(KM+Km)/2，即为最大曲率和最小曲率的平均值。

• Gauss：高斯曲率，计算公式为 KM*Km。

(4) 点击网格面可显示扫描线，如图 7-55 所示，可以根据需要改变曲率类型或"Parameters"选项组的参数来改变扫描线的形状。

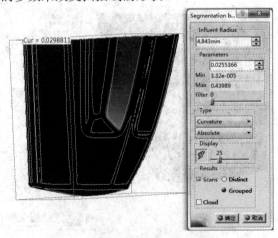

图 7-55　按曲率值划分网格面情况

(5) 调节"Parameters"选项组中"Filter"的值可以对扫描线进行过滤，移除不需要的部分，如图 7-56 所示。

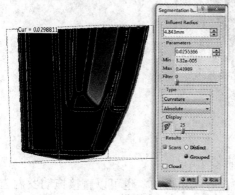

(a) Filter 设置为 0　　　　　　　　　　(b) Filter 设置为 200

图 7-56　按曲率值划分网格面"Filter"设置情况

(6) 点击"确定"按钮，结果有两种形式，可在"Results"选项组中选择。

• Scans：结果为生成扫描线，复选框"Distinct"表示每段扫描线都单独成为一个对象，"Grouped"表示生成的所有扫描线成为一个整体。

• Cloud：结果为生成数个三角网格面。

7.8.2　倾斜方向划分

倾斜方向划分(Segmentation by Slope)工具根据三角网格面的法向相对于视角方向的倾斜角度进行分析，从而对其进行划分，具体操作如下：

(1) 打开 CATIA 数字化设计"G:\光盘资料\第七章实例\10Segmentation.CATPart"。

(2) 点击 ≝ 按钮，并选择网格面，出现如图 7-57 所示的对话框。

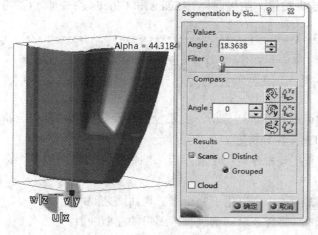

图 7-57　"倾斜方向划分"对话框

(3) 在"Values"选项组中的"Angle"项可以设置与视角方向的偏差角度，默认角度为 0，图 7-58 所示为此角度下生成的交线。

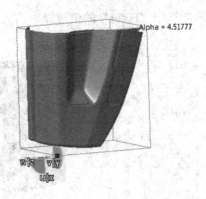

图 7-58　倾斜方向划分情况

（4）在"Compass"选项组中的"Angle"项设置视角方向，也可以直接拖动罗盘选择，图 7-59 所示为此角度下生成的交线。

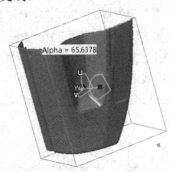

图 7-59　倾斜方向在不同角度时的划分情况

（5）在"Values"选项组中的"Filter"中可以对生成的扫描线进行过滤(参考 7.8.1 章节)。

（6）点击"确定"按钮，结果同样有 Scans 和 Clouds 两种形式(参考 7.8.1 章节)。

7.9　点云分析

点云分析功能可对点云进行分析，主要包括点云信息🔲、偏差分析🔲、曲率映射🔲、箭状曲率分析🔲和连接性分析🔲。

（1）点云信息🔲：该命令可用于显示点云的数量、网格面数量、激活点云数量和尺寸等信息；

（2）偏差分析🔲：该命令可用于分析点云和曲面之间的距离；

（3）曲率映射🔲：该命令对网格进行可编辑的曲率映射；

（4）箭状曲率分析🔲：该命令可对曲线或曲面边界进行曲率分析，详细讲解可参考 4.6.3 节；

（5）连接性分析🔲：该命令可对两曲面边界之间的连接行进行分析，详细讲解可参考 4.6.1 节。

第八章

逆向工程设计实例

∽∽∽∽∽∽∽∽∽∽∽∽∽∽∽

8.1 椅子的逆向设计

(1) 在 DSE 模块中，单击 按钮会出现"Cloud Import"对话框，导入点云(打开 CATIA 数字化设计"G:\光盘资料\第八章实例\8-1 椅子\chair.stl")，如图 8-1 所示。

(2) 切换进入 QSR 模块，点击 按钮，弹出如图 8-2 所示的"Activate"(激活点云)对话框。

图 8-1 导入椅子点云

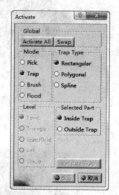

图 8-2 QSR 模块中"激活点云"对话框

(3) 在激活对话框内采用格式刷(Brush)刷取椅子的上表面，如图 8-3 所示。

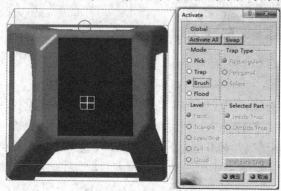

图 8-3 刷取椅子上表面点云

(4) 单击"确定"按钮，结果如图 8-4 所示。

(5) 单击 按钮，并点击点云平面，具体如图 8-5 所示。

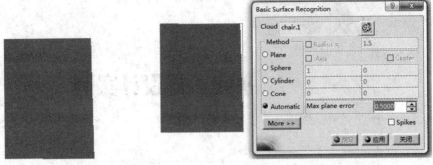

图 8-4　椅子上表面点云激活情况　　　　图 8-5　椅子上表面点云强力拟合

(6) 单击"应用"按钮进行预览，平面周围出现绿色箭头，如图 8-6 所示；分别向外拉伸平面，结果如图 8-7 所示。

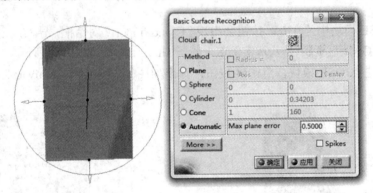

图 8-6　椅子上表面点云强力拟合中间过程

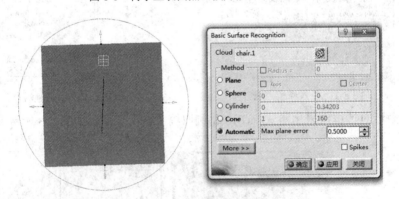

图 8-7　椅子上表面点云强力拟合结果

(7) 点击"确定"按钮，生成如图 8-8 所示的平面；单击菜单栏的 插入，选择列表下的 几何图形集... 选项，创建一个几何图形集，名称为"面"，点击"确定"按钮，在树状栏中生成"面"几何图形集，按住鼠标左键将 Plane1 拖入"面"几何图形集中。

(8) 再次点击 按钮，先点击椅子的上表面点云，然后在弹出的图 8-2 所示的对话框中点击"Activate All"按钮，激活全部点云，点击"确定"按钮，结果如图 8-9 所示。

图 8-8　椅子上表面点云强力拟合平面与点云符合情况　　　图 8-9　椅子点云全部激活

(9) 点击 ▦ 按钮，采用格式刷(Brush)刷取椅子的一个侧面，如图 8-10 所示。

(10) 点击"确定"按钮，结果如图 8-11 所示。

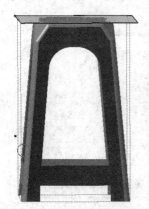

图 8-10　刷取椅子侧面点云　　　　　　　　　图 8-11　椅子侧面点云激活情况

(11) 点击 ▲ 按钮，并点击点云平面，具体如图 8-12 所示。

图 8-12　强力拟合椅子侧面点云设置

(12) 选择"Plane"选项，单击"应用"按钮进行预览，平面周围出现绿色箭头，如图
8-13 所示；分别向外拉伸平面，结果如图 8-14 所示。

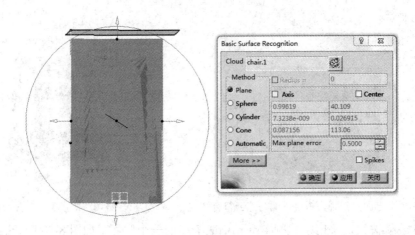

图 8-13　椅子侧面点云平面拟合过程

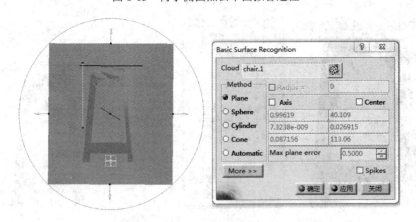

图 8-14　椅子侧面点云平面拟合过程调整

(13) 点击"确定"按钮，生成如图 8-15 所示的平面。

(14) 再次点击▓按钮，先点击椅子的点云，然后在弹出的图 8-10 所示的对话框中点击"Activate All"按钮，激活全部点云，点击"确定"按钮，结果如图 8-16 所示。

(15) 重复上述步骤，将其他三个侧面做同样处理，结果如图 8-17 所示。

图 8-15　椅子侧面点云平面拟合结果　　图 8-16　椅子点云全部激活　　图 8-17　椅子面拟合中间过程

(16) 单击 按钮，选择两个相交面，通过点击 另一侧/下一元素 和 另一侧/上一元素 来调整要修剪的面，如图 8-18 所示。

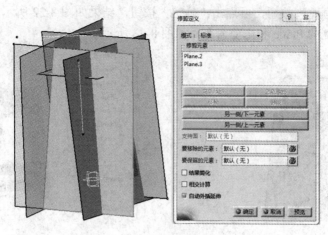

图 8-18　修剪.1

(17) 点击"预览"按钮，再点击"确定"按钮，结果如图 8-19 所示。

(18) 重复上述操作，对其他三个面进行修剪，结果如图 8-20 所示。

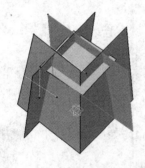

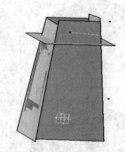

图 8-19　修剪.2　　　　　　　　图 8-20　修剪.3

(19) 继续对上表面进行修剪，点击 ▨ 按钮，选择要修剪的平面，通过点击 [另一侧/下一元素] 和 [另一侧/上一元素] 来调整要修剪的面，结果如图 8-21 所示。

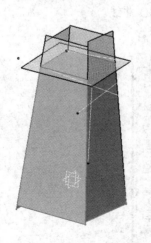

图 8-21　修剪.4

(20) 点击"预览"按钮，再点击"确定"按钮，结果如图 8-22 所示。

(21) 隐藏左侧的 Plane 和修剪命令，如图 8-23 所示。

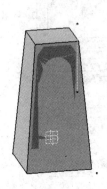

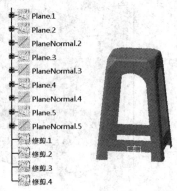

图 8-22　平面修剪结果　　　　　　图 8-23　激活点云隐藏拟合平面

(22) 点击 ⊞ 按钮，采用格式刷(Brush)刷取椅子的一个顶角，如图 8-24 所示。

(23) 点击"确定"按钮，结果如图 8-25 所示。

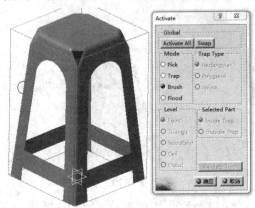

图 8-24　刷取椅子顶角　　　　　　图 8-25　椅子顶角点云激活情况

(24) 点击 ∿ 按钮，创建如图 8-26 所示的 3D 曲线。

(25) 隐藏点云 chair.1，结果如图 8-27 所示。

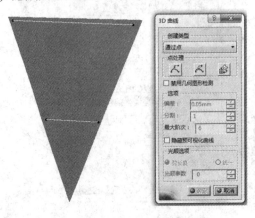

图 8-26　在椅子顶角建立 3D 曲线　　　　　　图 8-27　隐藏点云

(26) 切换到创成式外形设计模块，点击 ⟋ 按钮创建如图 8-28 所示的平面。

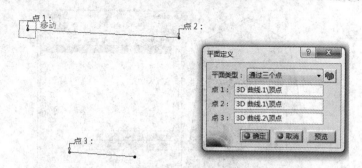

图 8-28　构建平面

(27) 点击"预览"按钮，并点击"确定"按钮，结果如图 8-29 所示。

(28) 显示树状栏中的修剪.4，点击刚刚创建的平面，并点击 ⬚ 按钮进入草图工作台，如图 8-30 所示。

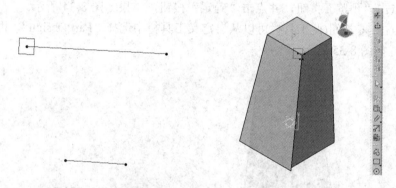

图 8-29　平面构建情况　　　　　　　图 8-30　显示拟合的平面

(29) 点击 ⬚ 按钮，画出一个较大的矩形，如图 8-31 所示。

(30) 右键点击树状栏中的"面"几何图形集，弹出如图 8-32 所示的列表，在弹出的列表中选择"定义工作对象"，左键单击。

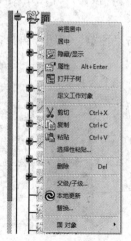

图 8-31　新建平面构建矩形　　　　　　图 8-32　树状栏面操作

(31) 点击  按钮，并点击刚画的矩形，如图 8-33 所示。

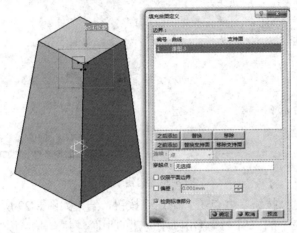

图 8-33　"填充曲面定义"对话框

(32) 点击"预览"按钮，并点击"确定"按钮，结果如图 8-34 所示。

(33) 点击 按钮(此工具栏可以从自定义工具栏中选择"Part Design"，再选择变换特征)的下标，如图 8-35 所示。

图 8-34　曲面填充结果　　　　　　图 8-35　阵列(Pattern)

(34) 点击 按钮，并点击刚填充的平面，在弹出的对话框中设置好数据，具体如图 8-36 所示。

(35) 单击"预览"按钮，再点击"确定"按钮，结果如图 8-37 所示。

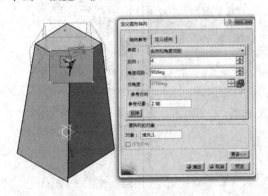

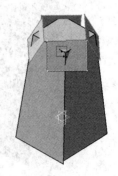

图 8-36　圆形阵列设置　　　　　　　　图 8-37　阵列结果

(36) 单击 按钮，选择两个相交面，通过点击 另一侧/下一元素 和 另一侧/上一元素 来调整要修剪的面，结果如图 8-38 所示。

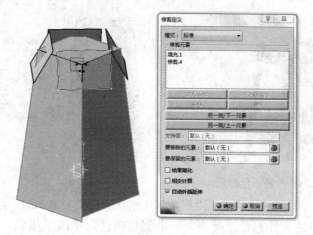

图 8-38　阵列后修剪一角

(37) 点击"预览"按钮，再点击"确定"按钮，结果如图 8-39 所示。

(38) 对其他三个面重复上述修剪操作，结果如图 8-40 所示。

图 8-39　修剪一角结果

图 8-40　重复修剪(其他 3 个角)

(39) 单击菜单栏的 插入 ，选择列表下的 几何图形集... 选项，创建一个几何图形集，名称为线，如图 8-41 所示；点击"确定"按钮，在树状栏中生成"线"几何图形集，将 3D 曲线拖入"线"几何图形集中，如图 8-42 所示。

图 8-41　新增几何图形集

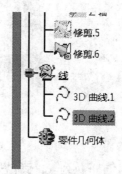

图 8-42　整体"线"树状栏

(40) 隐藏修剪.6 以及 3D 曲线，显示并激活全部点云 chair.1，结果如图 8-43 所示。

(41) 切换到 DSE 模块，点击 🖾 按钮，将椅子侧面投影到平面上，具体如图 8-44 所示。

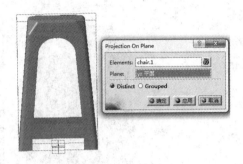

图 8-43   隐藏几何再次激活全部点云   图 8-44   投影椅子侧平面

(42) 单击"应用"按钮，并点击"确定"按钮，隐藏点云 chair.1，结果如图 8-45 所示。

(43) 切换到创成式外形设计模块，点击 🖾 按钮进入草图工作台，点击 ╱ 按钮作如图 8-46 所示的直线。

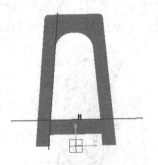

图 8-45   投影侧平面结果   图 8-46   草绘直线

(44) 右击点击直线，弹出如图 8-47 所示的下拉列表，在下拉列表中选择"固定"选项。

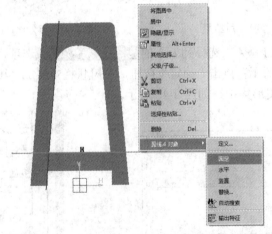

图 8-47   对草绘直线约束

(45) 单击 ╲ 下拉列表，弹出如图 8-48 所示的对话框，选择当中的 ⬭ 命令，然后再单击要删除的线段，结果如图 8-49 所示。

图 8-48　删除多余线段命令　　　　　　图 8-49　删除多余线段结果

(46) 点击 按钮，选择要镜像的直线，再点击镜像的对称轴，结果如图 8-50 所示。

(47) 点击 按钮，作出如图 8-51 所示的曲线。

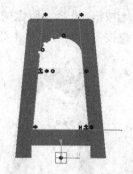

图 8-50　镜像命令　　　　　　　　　　图 8-51　草绘曲线.1

(48) 点击 按钮，作出如图 8-52 所示的构造元素直线。

(49) 按住 Ctrl 键，选中斜直线和半圆曲线，单击 按钮，在弹出的对话框中选择"相切"选项，结果如图 8-53 所示。

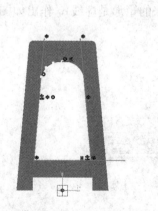

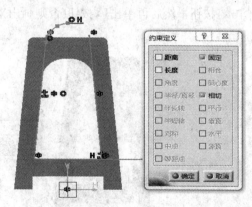

图 8-52　草绘曲线.2　　　　　　　　　图 8-53　曲线约束定义.1

(50) 点击"确定"按钮，完成约束。对半圆曲线和与半圆相连的水平直线进行上述同样的约束操作。

(51) 通过鼠标在曲线上进行调整，如图 8-54 所示。

(52) 单击与半圆相连的水平直线，再单击 按钮，结果如图 8-55 所示。

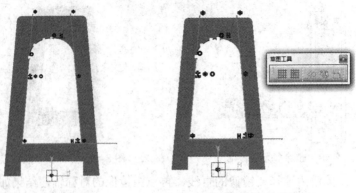

图 8-54   调整曲线.1   图 8-55   调整曲线.2

(53) 点击 ⬛ 按钮，选择要镜像的半圆曲线，再点击镜像的对称轴，结果如图 8-56 所示。

(54) 双击 ⬛ 按钮，然后再单击要删除的线段，结果如图 8-57 所示。

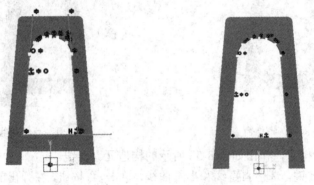

图 8-56   镜像曲线   图 8-57   删除多余线段

(55) 单击 ⬛ 按钮，然后再单击 ⬛ 按钮(否则画出来的矩形是虚线)，作出如图 8-58 所示的矩形。

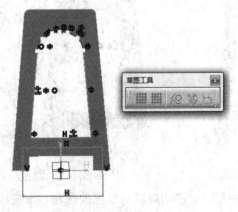

图 8-58   画矩形

(56) 按住 Ctrl 键，选中矩形的两条 V 边和中间对称轴，单击 ⬛ 按钮，选中对称按钮，结果如图 8-59 所示。

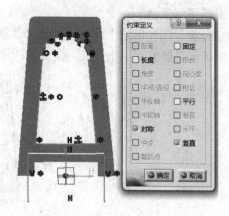

图 8-59　约束矩形两短边

(57) 分别调整矩形的 V 边和上 H 边与点云贴合，并固定，删除矩形的下 H 边，结果如图 8-60 所示。

(58) 作一条如图 8-61 所示的水平直线。

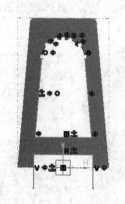

图 8-60　约束矩形上长边

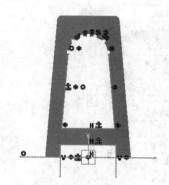

图 8-61　绘一直线

(59) 单击 ⌐ 按钮，随意作一封闭图形，如图 8-62 所示。

(60) 双击 ⌀ 按钮，然后再单击要删除的线段，结果如图 8-63 所示。

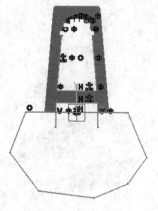

图 8-62　将直线封闭

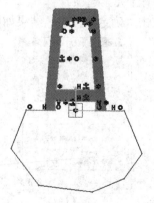

图 8-63　删除封闭曲线的多余线

(61) 点击凸按钮，退出草图编辑器。

(62) 鼠标右击└ Projection On Plane.1，在弹出的下拉列表中选择"隐藏"，结果如图 8-64 所示。

(63) 在树状栏中，鼠标右击"修剪.6"，使其显示，结果如图 8-65 所示。

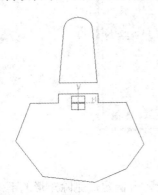

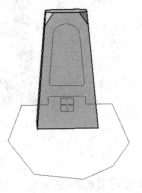

图 8-64　隐藏点云现封闭曲线　　　　　　　　　图 8-65　显示修剪.6

(64) 点击按钮，弹出如图 8-66 所示的对话框。

(65) "轮廓"选择"草图.4"，"方向"选择默认(草图法线)，具体如图 8-67 所示。

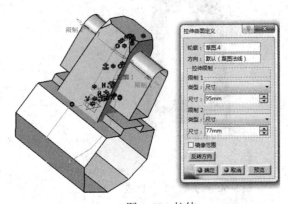

图 8-66　"拉伸曲面定义"对话框　　　　　　　　图 8-67　拉伸

　　(66) 点击"预览"进行，再点击"确定"按钮，这时会弹出如图 8-68 所示的对话框，选择保留所有子元素选项。

　　(67) 点击"确定"按钮，结果如图 8-69 所示。

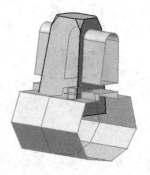

图 8-68　"多重结果管理"对话框　　　　　　　　图 8-69　拉伸结果

(68) 单击 按钮进行分割，具体如图 8-70 所示。

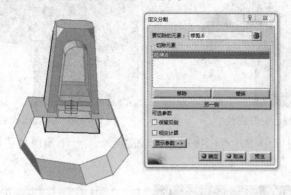

图 8-70 "定义分割"对话框

(69) 点击"预览"按钮，再点击"确定"按钮，隐藏拉伸.6，结果如图 8-71 所示。

(70) 重复上述步骤(43)～(69)，完成另一对的操作，结果如图 8-72 所示。

图 8-71 用拉伸修剪

图 8-72 重复操作

(71) 在 DSE 模块中，点击 按钮，建立如图 8-73 所示的平面截面(Planar Sections)。

(72) 点击"应用"按钮，再单击"确定"按钮，结果如图 8-74 所示。

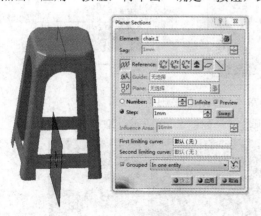

图 8-73 平面截面对话框

图 8-74 平面截面结果

(73) 单击 按钮提取曲线，如图 8-75 所示，分别测量椅子的厚度和连接处的圆角半径。

(74) 点击"应用"按钮，再单击"确定"按钮，结果如图 8-76 所示。

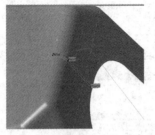

图 8-75　提取曲线

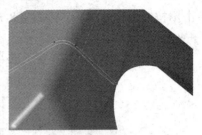

图 8-76　提取曲线结果

(75) 点击🔳按钮，用指针点击提取直线段的两个端点，测得椅子厚度为 1 mm，如图 8-77 所示。

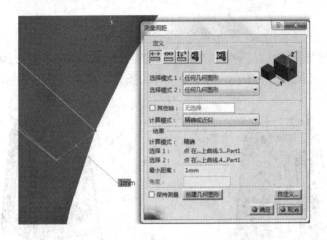

图 8-77　测量直线间距离

(76) 点击"确定"按钮，完成厚度测量。

(77) 切换到 QSR 模块，点击🔳按钮，弹出如图 8-78 所示的对话框，在"类型"菜单的下拉列表中选择"半径"选项。

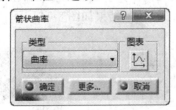

图 8-78　"箭状曲率"对话框

(78) 点击提取好的圆角曲线，测量半径如图 8-79 所示，取值为 5.5 mm。

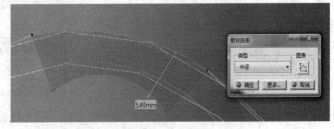

图 8-79　半径测量

(79) 关闭箭状曲率的对话框，这里无需点击"确定"，只是利用此命令来测得圆角半径。

(80) 切换到创成式外形设计模块，显示修剪.8，点击 🔾 命令的下拉菜单栏，点击菜单栏中的 🔾 按钮，弹出如图 8-80 所示的对话框，数据如图设置。

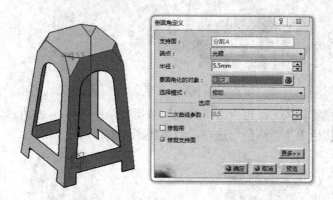

图 8-80　"倒圆角定义"对话框

(81) 点击"预览"按钮，再点击"确定"按钮，效果如图 8-81 所示。

(82) 点击 🔾 下拉菜单中的 🔾 按钮，结果如图 8-82 所示。

图 8-81　倒圆角结果　　　图 8-82　着色情况

(83) 切换到零件设计模块，点击 🔾 按钮，会弹出如图 8-83 所示的对话框，点击"确定"按钮即可。

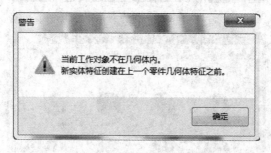

图 8-83　"警告"弹出框

(84) 点击"确定"按钮后弹出如图 8-84 所示的对话框，"第一偏移"取"1 mm"，即椅子厚度为 1 mm，再点击一下"反转方向"按钮。

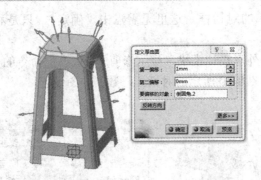

图 8-84 　加厚设置

(85) 点击"预览"按钮，再点击"确定"按钮，结果如图 8-85 所示。

(86) 隐藏树状栏中"倒圆角"选项，结果如图 8-86 所示。

图 8-85 　曲面加厚结果 　　　　　　　　　　　图 8-86 　隐藏曲面

(87) 点击 按钮对椅子进行着色，出现如图 8-87 所示的对话框，点击"确定"按钮，又弹出如图 8-88 所示的对话框。

图 8-87 　警告对话框

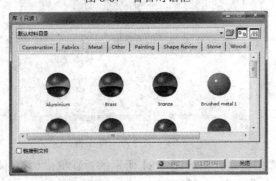

图 8-88 　着色对话框

(88) 点击"Wood"选项,隐藏"零件几何体",显示"倒圆角",选择"Brich"并点击椅子,如图 8-89 所示。

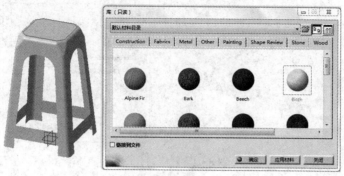

图 8-89 着色选项

(89) 点击"应用材料"按钮进行预览,再点击"确定"按钮,结果如图 8-90 所示。

图 8-90 着色结果

8.2 自行车座椅逆向设计

(1) 在 DSE 模块中,单击 🖼 按钮会出现"Import"对话框,导入点云(打开 CATIA 数字化设计"G:\光盘资料\第八章实例\8-2 自行车座椅\Multi-sections surface.igs"),如图 8-91 所示。

图 8-91 导入点云

(2) 单击 按钮进行网格划分，具体数值设置如图 8-92 所示。

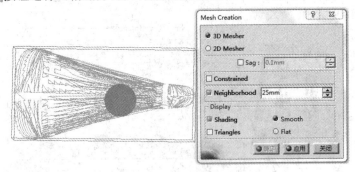

图 8-92　网格划分设置

(3) 单击"应用"按钮预览，再单击"确定"按钮，将模型树中的点云"Multi-sections surface"隐藏，结果如图 8-93 所示。

图 8-93　网格划分结果

(4) 切换至 QSR 模块，点击 按钮出现"Planar Sections"对话框，截面线设置如图 8-94 所示。

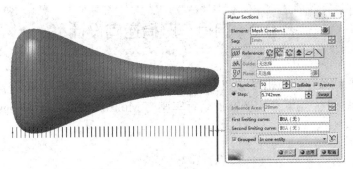

图 8-94　截面线设置

(5) 单击"应用"按钮，再点击"确定"按钮，截面线结果如图 8-95 所示。

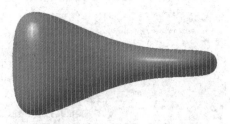

图 8-95　截面线结果

(6) 点击 ⊻ 按钮，提取座椅面上的曲线，具体如图 8-96 所示，点击▬按钮进行曲率分析，将"Tolerance"值更改为"0.25 mm"，即保证平面的光滑度，具体如图 8-97 所示。

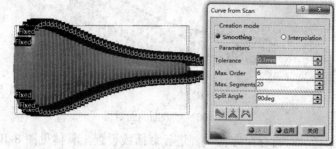

图 8-96　交线曲线对话框

图 8-97　交线曲线设置

(7) 单击"应用"按钮进行预览，点击"确定"按钮，结果如图 8-98 所示。

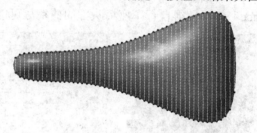

图 8-98　交线曲线结果

(8) 点击 ❀ 按钮设置多截面曲面，具体如图 8-99 所示。

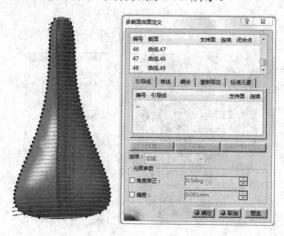

图 8-99　"多截面曲面定义"对话框

(9) 单击"预览"按钮，再点击"确定"按钮，结果如图 8-100 所示。

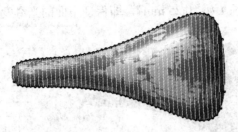

图 8-100　多截面曲面结果

(10) 点击▨按钮，对自行车座椅头部进行截面线设置，具体见图 8-101。

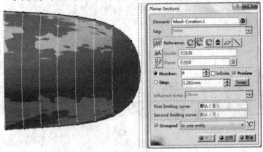

图 8-101　截面线设置

(11) 完成上述命令后，点击✂按钮，提取座椅头部面上的曲线，具体如图 8-102 所示，并选择合适的"Tolerance"值，使得自行车座椅头部的曲率尽可能光滑。

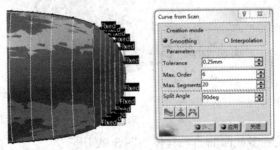

图 8-102　交线曲线设置

(12) 点击⌒按钮，在座椅头部构建如图 8-103 所示的 3D 曲线。

图 8-103　创建 3D 曲线

(13) 点击▒按钮，刷取座椅头部曲面的点云，具体如图 8-104 所示。

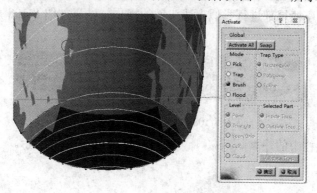

图 8-104　刷取座椅部分点云

(14) 点击"确定"按钮，结果如图 8-105 所示。

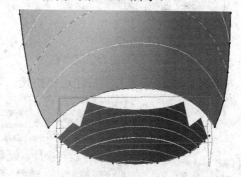

图 8-105　激活部分点云情况

(15) 点击▒按钮进行强力拟合，具体如图 8-106 所示。

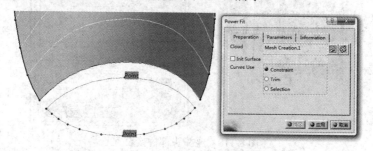

图 8-106　强力拟合设置

(16) 单击"应用"按钮，再点击"确定"按钮，结果如图 8-107 所示。

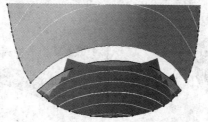

图 8-107　拟合与点云重合情况

(17) 再次点击 ▧ 按钮，激活全部点云。

(18) 对自行车座椅尾部进行类似上述头部的操作，结果如图 8-108 所示，此时点云已被全部激活。

图 8-108　座椅尾部拟合情况

(19) 隐藏树状栏中的 ├▧ Mesh Creation.1 选项，结果如图 8-109 所示。

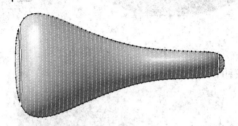

图 8-109　曲面拟合情况一览

(20) 切换到 ▧ 创成式外形设计模块，点击 ▧ 按钮进行桥接，具体如图 8-110 所示。

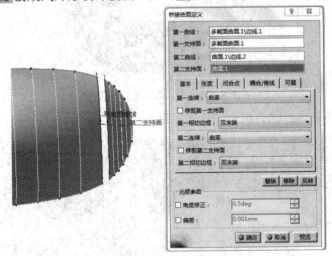

图 8-110　座椅头部桥接设置

(21) 单击"预览"按钮，再点击"确定"按钮，结果如图 8-111 所示。

(22) 对自行车座椅尾部进行上述头部的桥接命令，结果如图 8-112 所示。

图 8-111　座椅头部桥接情况　　　　图 8-112　座椅尾部桥接情况

(23) 点击⊞按钮将所有曲面接合，具体如图 8-113 所示。

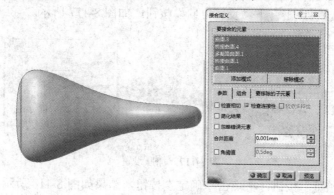

图 8-113　曲面接合设置

(24) 单击"预览"按钮，再点击"确定"按钮。

(25) 点击⬛下拉菜单中的⬛按钮，结果如图 8-114 所示。

图 8-114　曲面着色

(26) 切换至 Freestyle 模块，点击▨按钮对座椅进行曲面光斑分析，如图 8-115 所示。

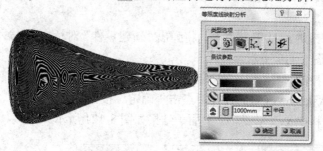

图 8-115　光斑分析设置

(27) 隐藏树状栏中的└▨等照度线射映分析.2 选项。

(28) 切换到零件设计模块，点击⬛按钮，会弹出如图 8-116 所示的对话框，点击"确定"按钮即可。

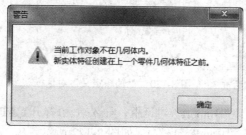

图 8-116　"警告"对话框

(29) 点击"确定"按钮后弹出如图 8-117 所示的对话框,"第一偏移"取"2 mm",即椅子厚度为 2 mm,再点击一下"反转方向"按钮,如图 8-117 所示。

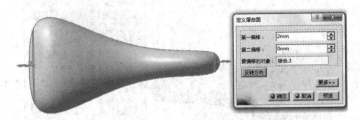

图 8-117　加厚设置

(30) 单击"预览"按钮,再点击"确定"按钮,结果如图 8-118 所示。

图 8-118　加厚结果

8.3　沙光机的逆向设计

(1) 点击 按钮进入 DSE 模块时,将弹出"新建零件"对话框,"输入零件名称"为"A级曲面",结果如图 8-119 所示。

(2) 点击菜单栏的 插入 按钮,在下拉列表中选择 轴系... 选项,弹出如图 8-120 所示的对话框,默认对话框内的设置,点击"确定"按钮。

(3) 隐藏树状栏中 xy、yz 和 zx 平面,结果如图 8-121 所示。

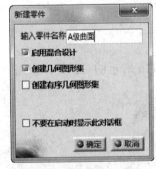 

图 8-119　"新建零件"对话框　　图 8-120　"轴系定义"对话框　　图 8-121　轴系情况

(4) 单击 按钮,出现"Import"对话框,导入点云(打开 CATIA 数字化设计"G:\光盘资料\第八章实例\8-3 沙光机\sander.asc"),如图 8-122 所示。

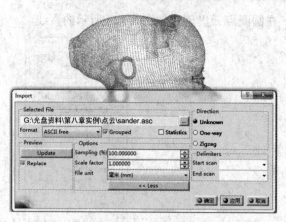

图 8-122　导入点云

(5) 单击菜单栏的 插入 按钮，选择列表下的 几何图形集... 选项，创建一个几何图形集，名称为"坐标转换"，然后点击"确定"按钮。

(6) 切换至 QSR 模块，点击 按钮，刷取如图 8-123 所示的点云。

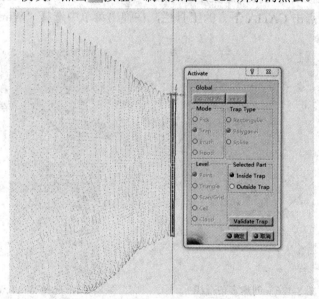

图 8-123　刷取一层点云

(7) 刷取的点云结果如图 8-124 所示。

图 8-124　刷取点云结果

(8) 点击 按钮，在圆圈点云里创建如图 8-125 所示的直线。

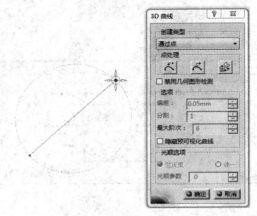

图 8-125　创建直线

(9) 重复上述操作，结果如图 8-126 所示。

(10) 隐藏树状栏中的几何图形集.1。

(11) 鼠标右键点击 CATIA 下方的工具栏，在弹出菜单中选择"WireFrame"选项，如图 8-127 所示。

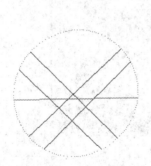

图 8-126　创建多条直线　　　　图 8-127　选择 WireFrame

(12) 切换至创成式外形设计模块，点击 按钮，"平面类型"选择"平均通过点"，再选取所有 3D 曲线的端点，如图 8-128 所示。

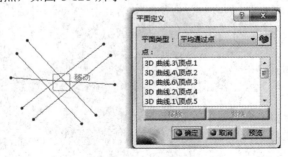

图 8-128　定义平面

(13) 单击"预览"按钮,再点击"确定"按钮。

(14) 点击○按钮,进行如图 8-129 所示的操作。

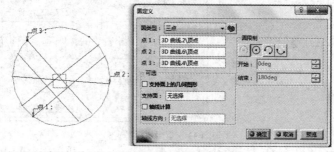

图 8-129 定义圆

(15) 重复上述操作,对其他点进行相同操作,结果如图 8-130~图 8-134 所示。

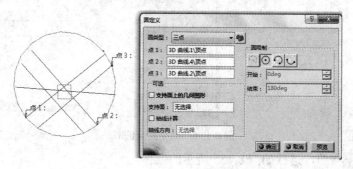

图 8-130 重复定义圆.2

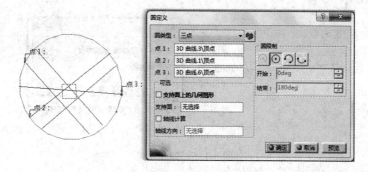

图 8-131 重复定义圆.3

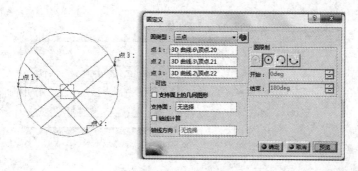

图 8-132 重复定义圆.4

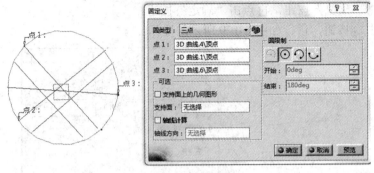

图 8-133　重复定义圆.5

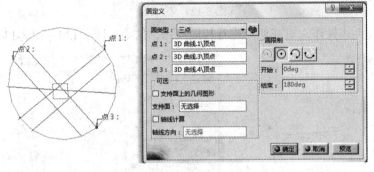

图 8-134　重复定义圆.6

(16) 点击 · 按钮，进行如图 8-135 所示的操作。

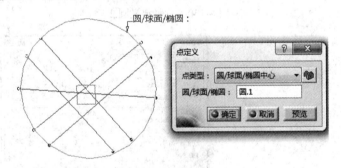

图 8-135　定义圆心

(17) 对圆.2、圆.3、圆.4、圆.5 和圆.6 进行同样的操作，结果如图 8-136～图 8-140 所示。

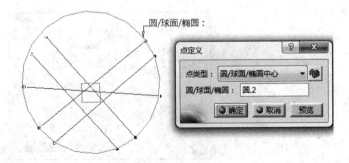

图 8-136　重复定义圆心.2

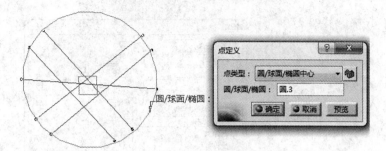

图 8-137　重复定义圆心.3

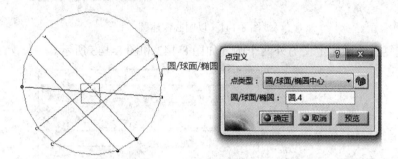

图 8-138　重复定义圆心.4

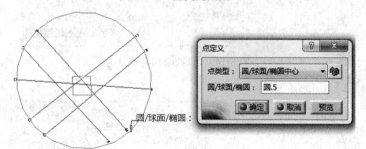

图 8-139　重复定义圆心.5

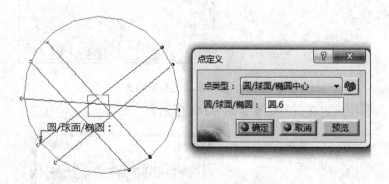

图 8-140　重复定义圆心.6

(18) 隐藏 3D 曲线.1 至 3D 曲线.6，圆.1 至圆.6，显示几何图形集.1。

(19) 点击○.按钮定义圆，选取三个点来定义圆.7 至圆.9，具体如图 8-141 所示。

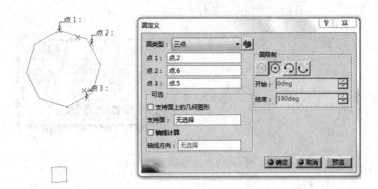

图 8-141   以圆心构建圆

(20) 重复上述操作定义另外两个圆，如图 8-142 和图 8-143 所示。

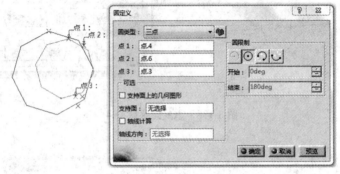

图 8-142   以圆心构建圆.2

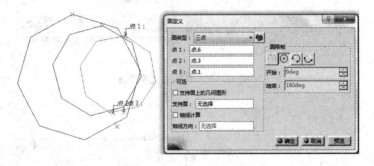

图 8-143   以圆心构建圆.3

(21) 点击 ⁝ 按钮定义点，结果如图 8-144 所示。

图 8-144   在圆心构建圆上定义圆心.1

(22) 对另外两个圆进行上述同样的操作，如图 8-145 和图 8-146 所示。

图 8-145　在圆心构建圆上定义圆心.2

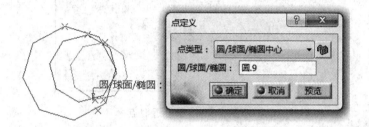

图 8-146　在圆心构建圆上定义圆心.3

(23) 隐藏点.1 至点.6，以及圆.7 至圆.9。

(24) 点击○按钮定义圆.10，结果如图 8-147 所示。

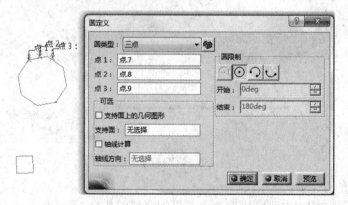

图 8-147　再次以圆心构建圆

(25) 点击·按钮进行点定义，具体如图 8-148 所示。

图 8-148　再次定义圆心

(26) 隐藏点.7 至点.9 以及圆.10。

(27) 切换至 QSR 模块，点击▧按钮激活全部点云，具体如图 8-149 所示。

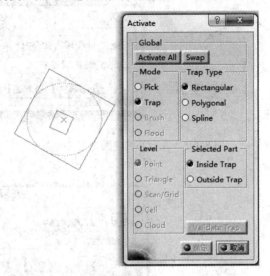

图 8-149　圆心近似点

(28) 点击▧按钮，刷取如图 8-150 所示的点云。

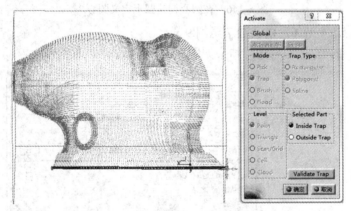

图 8-150　刷取底座一层点云

(29) 刷取的点云如图 8-151 所示。

(30) 点击◠按钮，在刚刚刷取的点云里创建如图 8-152 所示的直线。

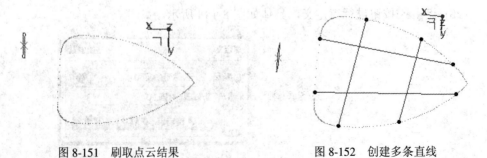

图 8-151　刷取点云结果　　　　　　　　图 8-152　创建多条直线

(31) 切换至创成式外形设计模块，隐藏点云，点击 按钮，"平面类型"选择"平均通过点"，选取所有 3D 曲线的端点，如图 8-153 所示。

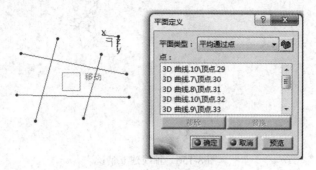

图 8-153 定义平面

(32) 隐藏 3D 曲线.7 至 3D 曲线.10。

(33) 点击 按钮，测量两个平面的夹角，如图 8-154 所示。

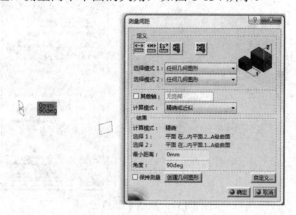

图 8-154 测量平面间的夹角

(34) 因为两个平面之间的角度为 90°，所以就无需通过其他命令来调整角度；若角度不是 90°，则需要通过 (相交)和 (平面定义)来建立新的平面，使两个面之间的角度为 90°。

(35) 点击菜单栏的 插入 按钮，在下拉列表中选择 轴系... 选项，其中"原点"选择"点.10"，"Y 轴"选择"平面.2"，"Z 轴"选择"平面.1"，具体如图 8-155 所示。

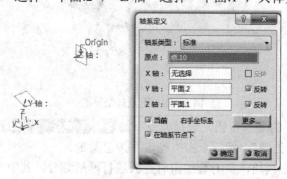

图 8-155 建立轴线

(36) 点击"确定"按钮，结果如图 8-156 所示。

图 8-156　轴线建立情况

(37) 切换至 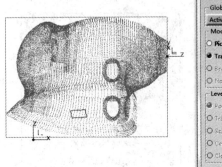 QSR 模块，显示几何图形集.1，点击 按钮激活全部点云，具体如图
8-157 所示。

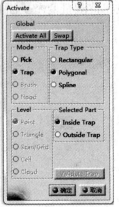

图 8-157　激活全部点云

(38) 隐藏平面.1、平面.2 和轴系.1，结果如图 8-158 所示。

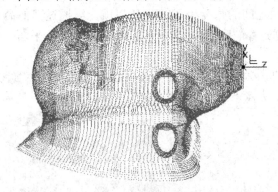

图 8-158　隐藏辅助平面

(39) 单击菜单栏的 插入 按钮，选择列表下的 几何图形集... 选项，创建一个几何图
形集，名称为"点云处理"，然后点击"确定"按钮确定。

(40) 切换至 DSE 模块，点击 按钮对点云进行网格划分，其中"Neighborhood"取值
为"8 mm"，具体如图 8-159 所示。

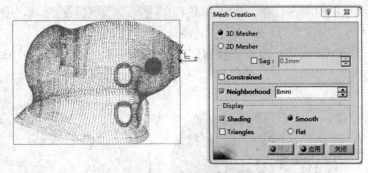

图 8-159　网格划分设置

(41) 网格划分后隐藏点云，结果如图 8-160 所示。

图 8-160　网格划分结果

(42) 点击 ➕ 按钮修补平面，参数设置和要修补的平面如图 8-161 所示。

图 8-161　修补平面

(43) 点击 ▓ 按钮，激活如图 8-162 所示的点云。

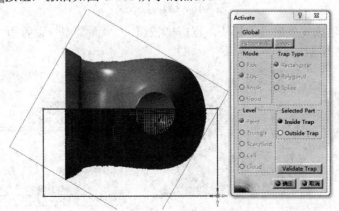

图 8-162　激活部分点云

(44) 单击菜单栏的 插入 按钮，选择列表下的 几何图形集... 选项，创建一个几何图形集，名称为"点云交线"，点击"确定"按钮。

(45) 切换至 QSR 模块，点击 按钮创建一个截面线，具体如图 8-163 所示。

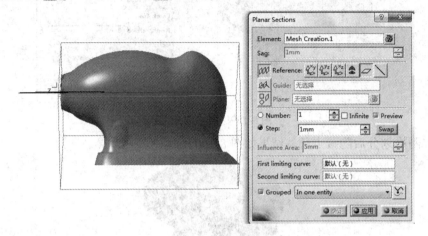

图 8-163 "截面线"对话框

(46) 点击 按钮，创建如图 8-164 所示的截面线。

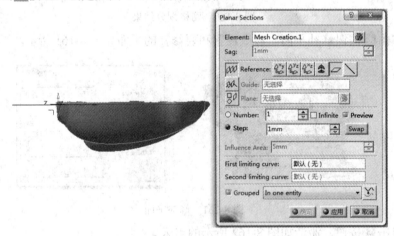

图 8-164 截面线设置

(47) 切换至创成式外形设计模块，点击 按钮，"平面类型"设置为"偏移平面"，参数设置如图 8-165 所示。

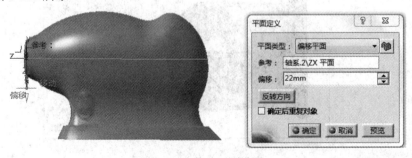

图 8-165 偏移平面设置

(48) 点击 ⌐ 按钮重复上述操作，直至实现如图 8-166 所示的效果。

图 8-166　重复偏移平面

(49) 切换至 QSR 模块，点击▦按钮，以刚定义的面为基准，创建如图 8-167 所示的截面线。

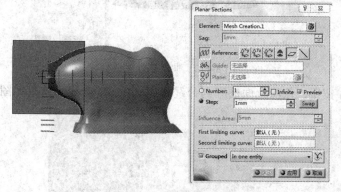

图 8-167　截面线定义

(50) 重复上述操作，最后的结果如图 8-168 所示。

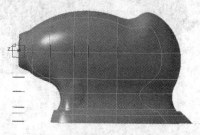

图 8-168　重复定义截面线

(51) 随后以坐标系的 xy 面为基准，另外再作出几条如图 8-169 所示的截面线，并隐藏偏移平面。

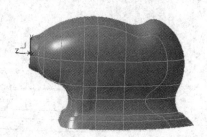

图 8-169　隐藏平面

(52) 单击菜单栏的 插入 按钮，选择列表下的 几何图形集... 选项，创建一个几何图形集，命名为"常规曲面"，然后点击"确定"按钮确定。

(53) 点击 按钮进行曲率划分，如图 8-170 所示。

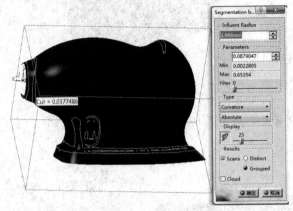

图 8-170　曲率划分对话框

(54) 点击 按钮，依照上面曲率划分线作出一条 3D 曲线，结果如图 8-171 所示。

图 8-171　构建 3D 曲线

(55) 隐藏 Scans.1 和 Mesh Creation.1。

(56) 点击 按钮，提取网格面上所有的截面线，提取后隐藏截面线，结果如图 8-172 所示。

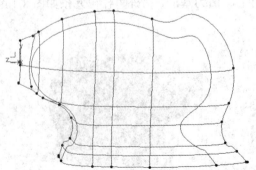

图 8-172　提取截面线

(57) 点击　按钮将所有需要切片的曲线切片，如图 8-173 所示。

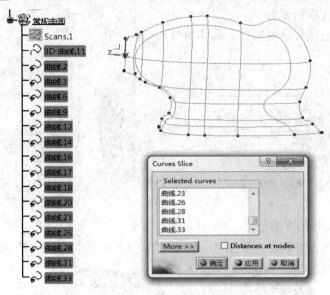

图 8-173　曲线切片

(58) 显示 Mesh Creation.1，点击　按钮，强力拟合所有曲面，结果如图 8-174 所示。

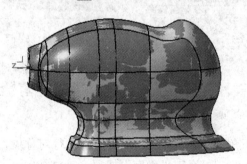

图 8-174　强力拟合

(59) 隐藏 Mesh Creation.1，点击　按钮接合所有曲面，如图 8-175 所示。

(60) 点击　下拉菜单中的　按钮，结果如图 8-176 所示。

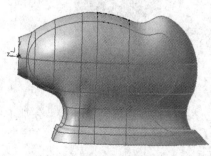

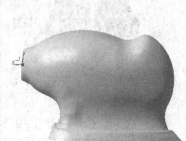

图 8-175　接合曲面　　　　　　　　　　　　　　　　　　图 8-176　着色

(61) 切换至创成式外形设计模块，点击◯按钮创建平面，"平面类型"设置为"偏移平面"，具体如图 8-177 所示。

(62) 点击▧按钮进行分割操作，具体如图 8-178 所示。

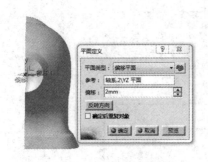

图 8-177　偏移平面　　　　　　　　　　图 8-178　分割操作

(63) 点击◯按钮，分两次提取出"分割.1"的边界，具体如图 8-179 所示。

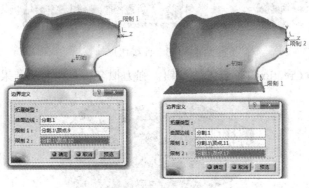

图 8-179　提取边界

(64) 点击◣图标右下角的下拉列表中的◣按钮，进行对称操作，具体如图 8-180 所示。

(65) 单击"预览"按钮，再点击"确定"按钮，具体如图 8-181 所示。

图 8-180　对称操作　　　　　　　　　　图 8-181　对称结果

(66) 再次点击◯按钮，分两次提取出"对称.3"的边界，操作方法参考上述对"分割.1"的操作。

(67) 点击⟋按钮进行桥接，具体如图 8-182 所示。

(68) 单击"预览"按钮，再点击"确定"按钮，具体如图 8-183 所示。

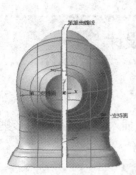

图 8-182　桥接设置　　　　　　　　　　图 8-183　桥接.1

(69) 再次点击 ⬚ 按钮进行桥接，具体如图 8-184 所示。

(70) 单击"预览"按钮，再点击"确定"按钮，具体如图 8-185 所示。

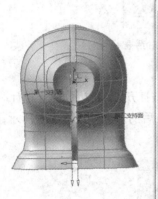

图 8-184　桥接.2　　　　　　　　　　图 8-185　桥接结果

(71) 点击 ⬚ 按钮接合所有曲面，具体如图 8-186 所示。

(72) 最终的逆向曲面结果如图 8-187 所示。

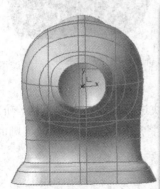

图 8-186　接合曲面　　　　　　　　　　图 8-187　最终的逆向曲面结果

8.4　汽车后备箱盖逆向设计

1．创建几何图形集

打开 CATIA 软件后，进入 DSE 模块，依次点击菜单"插入"→"几何图形集"，创建名称为"点云"的几何图形集，如图 8-188 所示。

图 8-188　"插入几何图形集"对话框

2．导入点云

单击 按钮会出现 Cloud Import 对话框，导入点云(打开 CATIA 数字化设计 "G:\光盘资料\第八章实例\8-4 汽车后备箱盖\04 cover.stl")，导入后的点云如图 8-189 所示；单击按钮进行网格划分，如图 8-190 所示。

图 8-189　汽车后备箱盖点云　　　　图 8-190　汽车后备箱盖网格划分结果

3．划分网格面

观察后备箱盖的网格面，进行分块处理，然后将各个分块进行曲线与曲面重构、桥接、接合等处理，并保证其曲面质量。根据其网格面特征，可以将后备箱盖分成顶面、侧面以及侧面凹陷三大部分，剩下的孔洞等细节可在后期处理。

1) 后备箱盖顶面

创建名称为"顶部"的几何图形集。

进入 QSR 模块，选择 xz 平面，进入草图，构建 8 条样条曲线，如图 8-191 所示。

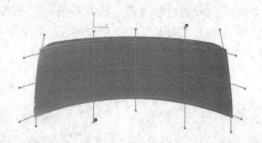

图 8-191　后备箱盖顶面的样条曲线绘制

使用曲线投影工具(Curve Projection)，将图 8-191 中所示的样条曲线(多条曲线的选择需要按住 Ctrl)投影至网格面上，投影方向设置为"Y 部件"，取消"Nearest"，单击"应用"按钮和"确定"按钮，即可在网格面的顶部构建出交线，如图 8-192 所示。

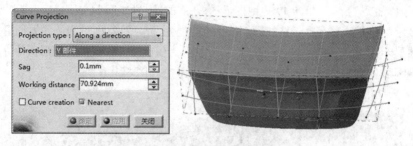

图 8-192　样条曲线在后备箱盖上的投影

为便于后续的曲面创建，可将图 8-192 中的样条曲线隐藏(后续工作中不用)。如图 8-193 所示，拟将顶部网格面划分为 8 个分块，分别对各个分块的网格面创建曲面，现以第一个分块为例进行曲线和曲面的创建。

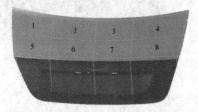

图 8-193　后备箱盖顶部网格面的分块

使用"Curve from Scan"工具拾取前面所创建的交线，对图形区中的任一"Fixed"进行右击，在图 8-194 所示的弹出框中点击"Remove all points"，移除交线上所有的点，以利于后续曲线的创建。

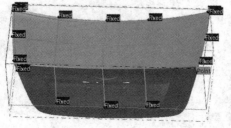
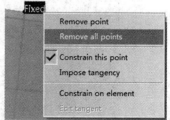

图 8-194　后备箱盖顶部创建交线

在围成分块 1 的 4 条交线上分别拾取两点，拾取点的位置应当在第 1 分块区域顶点的外侧，以形成封闭的曲线框。单击"应用"按钮和"确定"按钮后，即可创建出将第 1 分块包围的 4 条曲线(隐藏了网格面与交线)，如图 8-195 所示。

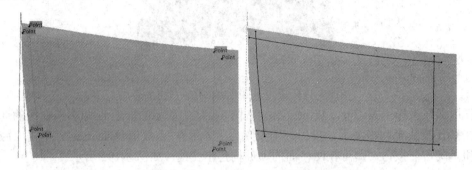

图 8-195　网格面分块 1 上的封闭曲线框

重新显示网格面。通常，为提高重构后的曲面质量，需要将对应于该曲面的网格面局部区域单独显示出来。选择"Activate"工具中的"Brush"项，点击图形区中的网格面，并将分块 1 区域的网格面选中，单击"确定"按钮，如图 8-196 所示。

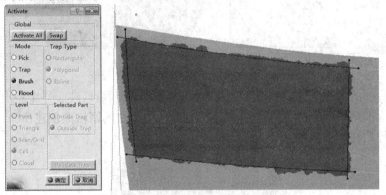

图 8-196　网格面分块 1 的网格面激活

为创建分块 1 区域的曲面，使用强力拟合工具——"Power Fit"工具重构曲面。"Preparation"选项卡中，拾取分块 1 区域对应的网格面，以及包围网格面的曲线；在"Parameters"选项卡中，"Tolerance"项的参数设置为 0.02。单击"应用"按钮，如图 8-197 所示。观察所生成的曲面，确认无误后单击"确定"按钮，即完成了分块 1 区域的曲面重构，如图 8-198 所示。

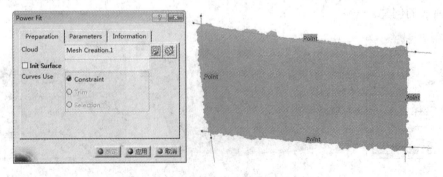

图 8-197　网格面分块 1 的曲面强力拟合

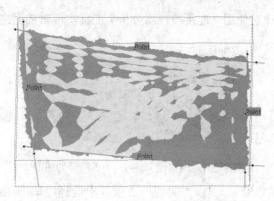

图 8-198 网格面分块 1 的曲面重构

为继续网格面其他区域的曲面重构工作，需要将完整的网格面重新拾取出来，使用"Activate"工具，选中图形区中的网格面，单击"Activate"对话框中的"Activate all"按钮，并单击"确定"按钮。同时，在左侧的模型树中，将前面创建的交线"Curve Projection.1"也重新显示出来，所得图形如图 8-199 所示。

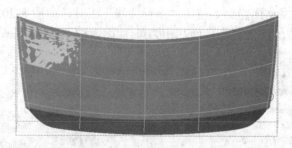

图 8-199 网格面的重新显示

利用"Distance Analysis"工具分析曲面.1 与网格面之间的距离，"源"中拾取"曲面.1"，"目标"中拾取"Mesh Creation.1"，在"显示选项"中选中最大值，单击"确定"按钮，显示效果如图 8-200 所示。鼠标移动至该曲面上的任意一点，即可显示出曲面上该位置与网格面之间的距离。

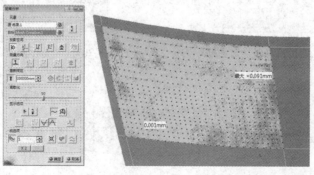

图 8-200 网格面分块 1 曲面的距离分析

分块 2～4 区域对应的曲面重构方法如同分块 1 区域的操作，此处不再赘述，重构后的曲面如图 8-201 所示。需要注意的是，四个分块对应的曲面是分别创建的，后续需要利用"接合"工具将它们合并成一个曲面，这就需要考虑曲面之间的连续性是否达到要求(达到

G1 连续为佳),这可以通过使用"连接检查器分析"工具实现对曲面之间的连续性进行分析。

图 8-201 　网格面分块 1～4 重构后的曲面

　　使用"连接检查器分析"工具,"类型"选项卡中选择"曲面-曲面连接"和"投影";"元素"选项卡中的"源"选取分块 1 区域对应的曲面(曲面.1),"目标"选取分块 2 区域对应的曲面(曲面.2),即可在对话框底部的"最大偏差"中查看两曲面之间的连续性,如图 8-202 所示。由图可见,曲面.1 与曲面.2 之间的 G0 和 G1 最大偏差分别为 0.08 mm 和 0.732(数值因人各异),并没有达到 G0 连续。因此,需要对两曲面的连接状态进行处理,使两者的连接能达到 G1 连续性级别。

　　为方便操作,将网格面隐藏。使用"平行曲线"工具,如图 8-203 所示。将分块 1 对应曲面(曲面.1)的边线(边线.2,与曲面.2 相邻)向曲面内部平移 10 mm,如图 8-204 所示。

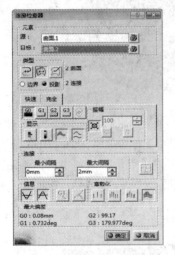

图 8-202 　"连接检查器"对话框

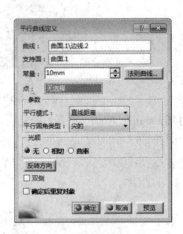

图 8-203 　"平行曲线定义"对话框

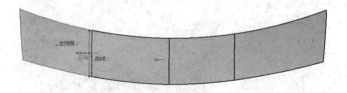

图 8-204 　曲面.1 边线的平行曲线

　　仔细观察通过"平行曲线"创建的曲线,不难发现,该曲线的端点并未延伸至曲面.1 的外侧,这可能导致在使用"分割"工具时操作失败!可以通过"外插延伸"工具,将该曲线进行延伸,使其两端点均超出曲面.1,如图 8-205 所示。

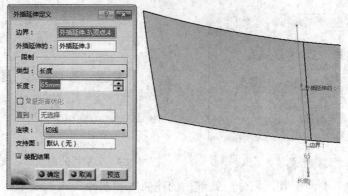

图 8-205　平行曲线的外插延伸

　　使用"分割"工具，"要切除的元素"拾取曲面.1，"切除元素"拾取外插延伸处理后的曲线，单击"确定"按钮后完成对曲面.1 的分割，如图 8-206 所示。(忽略可能出现的警告窗！)

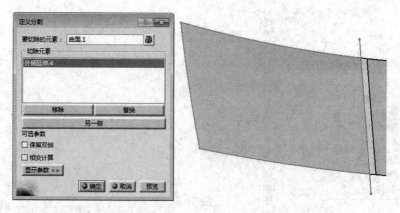

图 8-206　曲面.1 的分割

　　用同样的操作方法，完成对分块 2 对应曲面边线的"平行曲线"、"外插延伸"和"分割"等操作，结果如图 8-207 所示。

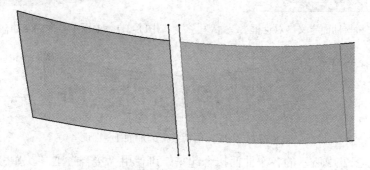

图 8-207　曲面.2 的分割

　　将图 8-207 中的两条曲线隐藏，使用"边界"工具完成对分割后曲面.1 和曲面.2 的边界的提取，"拓展类型"选择"切线连续"，如图 8-208 所示，提取边界后的结果如图 8-209 所示。

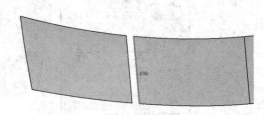

图 8-208　"边界定义"对话框　　　　图 8-209　分割后的曲面.2 边线的提取

使用"桥接"曲面工具，将分割处理后的曲面.1 和曲面.2 连接起来，具体的参数设置如图 8-210 所示。需要注意的是，"第一连续"和"第二连续"选择曲率或者切线为佳。桥接后的结果如图 8-211 所示。

对于分块 2 与分块 3、分块 3 与分块 4 之间的交界线处理与上述方式相同，此处不再赘述，结果如图 8-212 所示。

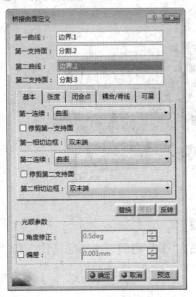
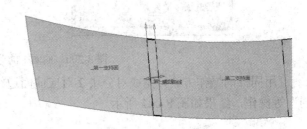

图 8-210　"桥接曲面定义"对话框　　　　图 8-211　曲面.1 与曲面.2 的曲面桥接

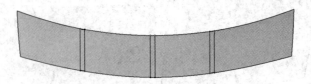

图 8-212　完成曲面桥接后的曲面.1～曲面.4

为将图 8-212 中所示的各个曲面接合起来，可使用"接合"工具，弹出框中勾选"检查相切"和"检查连接性"，如图 8-213 所示，单击"确定"按钮完成对分块 1～4 区域对应曲面的接合，在模型树上生成名为"接合.1"的曲面。

对于分块 5～8 区域的网格面，采取上述同样的方法(创建曲线、曲面 Power Fit、分割、桥接和结合等)，创建出如图 8-214 所示的曲面(接合.2)。

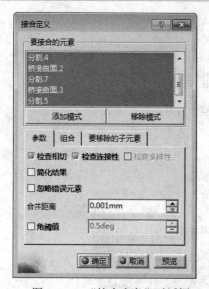

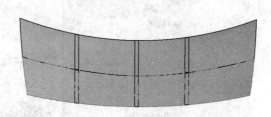

图 8-213 "接合定义"对话框　　图 8-214 曲面桥接后的曲面(对应于网格面分块 5～8)

接下来需要进一步将接合.1 与接合.2 两个曲面接合起来，由于两个曲面是非连通的，故需要通过前述的平行曲线、外插延伸、分割、边界和桥接曲面等工具，创建出桥接曲面，如图 8-215 所示。再使用"接合"工具将图 8-215 所示的各曲面接合起来，生成名为"接合.3"的曲面。

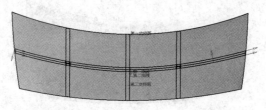

图 8-215 曲面接合.1 与接合.2 的曲面桥接

重新显示网格面，如图 8-216 所示，曲面接合.3 的边界并没有与网格面基本贴合。使用"草图"工具，以 zx 平面为草图平面，使用"样条线"工具绘制如图 8-217 所示的轮廓，记为草图.2。

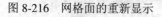

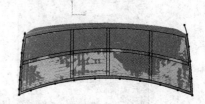

图 8-216 网格面的重新显示　　图 8-217 后备箱盖顶部网格面边界的样条曲线绘制

隐藏网格面，利用"边界"工具提取接合.3 曲面的一条边界，如图 8-218 所示。再使用"外插延伸"工具将曲面沿着该边界进行延伸，延伸长度应以超过网格面边界为宜。此外，在对话框中需要勾选"扩展已外插延伸的边线"，如图 8-219 所示，单击"确定"按钮确认曲面外插延伸的结果。

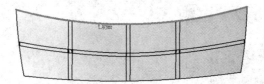

图 8-218　曲面-接合.3 的边界提取

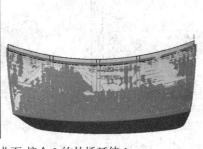

图 8-219　曲面-接合.3 的外插延伸.1

重复上一步的操作，提取曲面-接合.3 的另外两条边界，并进行外插延伸，所得的曲面如图 8-220 所示。

图 8-220　曲面-接合.3 的外插延伸.2

利用"拉伸"工具将草图.2 的样条线进行拉伸，拉伸方向为"Y 部件"，拉伸长度以能与上一步的曲面相交为宜，如图 8-221 所示，单击"确定"按钮确认得到的拉伸曲面。

图 8-221　图 8-217 所示样条曲线的拉伸

使用"分割"工具对顶部曲面进行修改，使其轮廓与网格面相近，"要切除的元素"拾取顶部曲面，"切除元素"拾取上一步的拉伸曲面，如图 8-222 所示，单击"确定"确认拉伸曲面分割后的结果。至此，顶部曲面的重构处理基本完成，与侧面网格面相连的边界将在后续的操作中进行处理。

图 8-222　外插延伸后的曲面-接合.3 的分割

2）后备箱盖侧面

创建名称为"侧面"的几何图形集。

选择 xy 平面，进入草图，构建 10 条样条曲线，如图 8-223 所示。

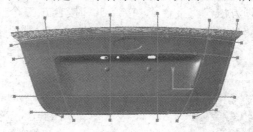

图 8-223　后备箱盖侧面的样条曲线绘制

使用曲线投影工具(Curve Projection)，将图 8-223 的样条曲线投影至网格面上，投影方向设置为"Z 部件"，取消"Nearest"，单击"应用"按钮和"确定"按钮，即可在网格面的顶部构建出交线，拟将侧面的网格面划分为 15 个分块，如图 8-224 所示。采用前述方法，分块 9～12、14、18～20、22～23 这 11 个部分的曲面重构相对简单，结果如图 8-225 所示。

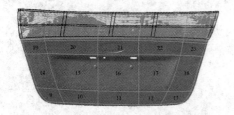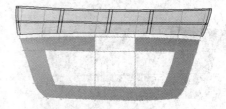

图 8-224　后备箱盖侧面的网格面分块　　　　图 8-225　后备箱盖侧面的部分曲面重构 1

对于分块 15～17 以及 21，在进行 Power Fit 处理时需注意，这些分块内的网格面波动较大(凸起或凹陷)，在激活点云时要避免勾选波动较大的区域，如图 8-226 所示(为保证曲面质量，Power fit 对话框中的 Tolerence 设置为 0.5)。至此，后备箱盖侧面的基本轮廓即重建完成，对于局部的细节部分将在后面进行介绍。

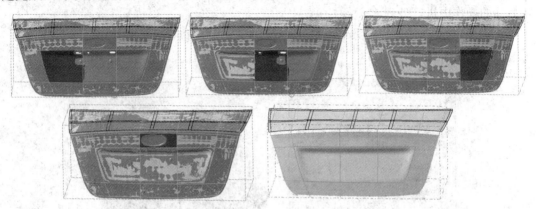

图 8-226　后备箱盖侧面的部分曲面重构 2

依照顶部曲面的处理方法，分别将分块 9~13、14~18 以及 19~23 对应的曲面通过"桥接曲面"工具连接起来，并进行"接合"操作，获得接合.4、接合.5 和接合.6 三个曲面，如图 8-227 所示。

注：连续性方式选择"曲率连续"，桥接曲面前需要提取边界，这是易出错的地方。

依照顶部曲面的处理方法，将接合.4、接合.5 和接合.6 三个曲面也进行"桥接曲面"操作，连续性方式选择"切线"。将侧面的各曲面接合之后，获得曲面接合.7，如图 8-228 所示。

图 8-227　曲面桥接和接合处理后的　　　　图 8-228　曲面桥接和接合处理的
　　　　　接合.4、接合 5 和接合.6　　　　　　　　　后备箱盖侧面

重新显示网格面，选择 xy 平面，进入"草图"，沿着网格面的边缘绘制样条线，如图 8-229 所示。退出工作台后，对该草图进行"拉伸"，拉伸方向为"Z 部件"，拉伸长度为 200 mm(限制 2)，结果如图 8-230 所示。

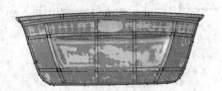

图 8-229　后备箱盖侧面网格面边界的　　　　图 8-230　图 8-229 所示样条曲线的拉伸
　　　　　样条曲线绘制

利用"边界"+"外插延伸"的组合工具将曲面接合.7 沿着三条边界进行外插延伸，延伸长度为 30mm，如图 8-231 所示。利用上一步创建的拉伸曲面对该曲面进行"分割"操作，分割后的侧面曲面如图 8-232 所示，可见，其与网格面轮廓基本吻合。

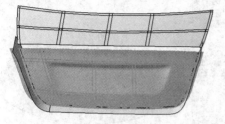

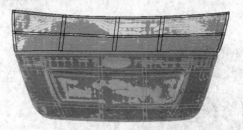

图 8-231　后备箱盖侧面曲面的外插延伸　　　　图 8-232　分割后的后备箱盖侧面曲面

利用"边界"工具提取顶面和侧面曲面的上边界，如图 8-233 所示。利用"外插延伸"工具分别对顶部和侧面曲面进行延伸，延伸长度为 35 mm(使两个曲面相交)，再使用"修剪"工具将两个曲面进行修剪，如图 8-234 所示。接着使用"倒圆角"工具将公共边线进行倒圆角处理，圆角半径设为 5 mm，更改"视图模式"为"着色"，结果如图 8-235 所示。至此，后备箱盖的基本曲面重构已经完成。

图 8-233　后备箱盖顶面与侧面　　图 8-234　后备箱盖顶面与侧面曲面　　图 8-235　修剪和倒圆角处理后的
　　　　　　曲面的边界提取　　　　　　在提取边界处的外插延伸　　　　　　后备盖曲面集

3) 后备箱盖的局部细节(凹陷和凸起)

观察后备箱盖的点云/网格面，不难发现存在一些凹陷、凸起和孔洞，因此，需要对基本曲面作部分修改。

使用"Activate"工具将车标处的网格面单独显示出来，如图 8-236 所示。使用"Basic Surface Recognition"工具，选中网格面，弹出框中"Method"中选择"Plane"，点击"应用"按钮，如图 8-237 所示，拖动绘图区中的绿色箭头，扩大平面的边界，单击"确定"按钮。

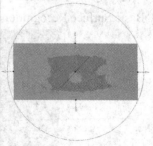

图 8-236　车标处网格面的激活　　　　图 8-237　车标处网格面的平面重构

使用"Activate"工具将网格面选中后，点击弹出框中的"Activate all"和"确定"按钮。选择上一步创建的平面，进入"草图"，将该平面隐藏起来，使用"样条线"沿着车标凹陷的边界绘制封闭样条曲线，如图 8-238 所示。退出草图编辑器后，利用该样条线分割上一步创建的平面，如图 8-239 所示。

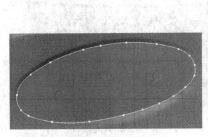

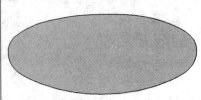

图 8-238　车标网格面边界的封闭　　　　　　　图 8-239　车标曲面的基本轮廓创建

样条曲线绘制

通过"开始"→"形状"→"创成式外形设计"，使用"拔模凹面"工具 ◇，弹出框中，"座落曲面"选择上一步的车标曲面(分割.47)，"基元素"选择后备箱盖的基本曲面(倒圆角.1)，"拔模斜度"设为 45°，如图 8-240 所示，单击"确定"按钮确认拔模后的结果。使用"倒圆角"工具将图 8-240 所示的拔模曲面边界进行倒圆角处理，圆角半径设为 3 mm，结果如图 8-241 所示。

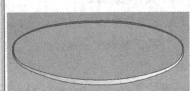

图 8-240　车标曲面的拔模凸面处理　　　　　　图 8-241　车标处拔模凸面的倒圆角处理

对于后备箱盖侧面上大凹陷曲面上的两个凸起，凸起部分的曲面创建仍然采用与车标处相同的处理方法：

(1) 选择"开始"→"形状"→"Quick Surface Reconstruction"。

(2) 使用"Activate"工具将凸起部分网格面单独显示出来，如图 8-242 所示，再使用"Basic Surface Recognition"工具在该网格面上创建平面。

(a) 网格面激活　　　　　　　(b) 平面重构

图 8-242　后备箱盖侧面局部凸起

(3) 激活全部网格面。

(4) 选择新创建的平面，进入"草图"，使用"圆"工具创建直径为 24 mm 的圆，调整该圆的圆心位置，使其与网格面上的轮廓吻合，再创建一个同圆心的直径为 12 mm 的圆(即所需的)，如图 8-243(a)所示，并删除大圆；退出草图编辑器后，利用该圆分割创建的平面，如图 8-243(b)所示。

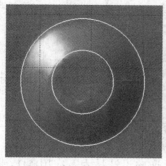

(a) 草图轮廓　　　　　　(b) 曲面创建

图 8-243　后备箱盖侧面局部凸起

(5) 通过"开始"→"形状"→"创成式外形设计"，使用"拔模凹面"工具 ◇，在弹出框中，"座落曲面"选择上一步的凸起曲面，"基元素"选择后备箱盖的基本曲面，"拔模斜度"设为 60°，结果如图 8-244 所示。

(6) 对拔模后的曲面进行"倒圆角"处理，圆角半径设为 4 mm。

(7) 基本曲面上的其他凸起和孔洞采用相似的方法进行曲面重构，最终的结果如图 8-245 所示。

图 8-244　拔模凹面处理后的后备箱盖　　图 8-245　后备箱盖的最终逆向曲面结果
　　　　　侧面局部凸起曲面

参 考 文 献

[1] 刘宏新，闻浩楠，王晨. CATIA 曲面设计基础与工程实践[M]. 北京：机械工业出版社，2015.

[2] 王宵，刘会霞. CATIA 逆向工程实用教程[M]. 北京：化学工业出版社，2006.

[3] 北京兆迪科技有限公司. CATIA V5R21 产品工程师宝典[M]. 北京：中国水利水电出版社，2014.

[4] 潘常春，李加文，卢骏. 逆向工程项目实践[M]. 杭州：浙江大学出版社，2014.

[5] 成思源. 逆向工程技术综合实践[M]. 北京：电子工业出版社，2010.

[6] 成思源，杨雪荣. Geomagic Design Direct 逆向设计技术及应用[M]. 北京：清华大学出版社，2015.